高等职业院校信息技术应用"十三五"规划教材

计算机应用基础实验指导

赵广复 杜召彬 ■ 主 编

李廷锋 鹿艳晶 乔敬华 ■ 副主编

U0312580

人民邮电出版社

北 京

图书在版编目（CIP）数据

计算机应用基础实验指导 / 赵广复，杜召彬主编
. -- 北京 ：人民邮电出版社，2016.8（2021.9重印）
高等职业院校信息技术应用"十三五"规划教材
ISBN 978-7-115-43167-7

Ⅰ. ①计… Ⅱ. ①赵… ②杜… Ⅲ. ①电子计算机－
高等职业教育－教学参考资料 Ⅳ. ①TP3

中国版本图书馆CIP数据核字(2016)第198836号

内 容 提 要

本书是《计算机应用基础项目化教程》的配套用书。全书分 3 篇：实验篇、习题篇与测试篇。其中实验篇共安排了 20 个上机实验，帮助和引导对计算机基本操作尚不熟练的学生更快地掌握计算机操作技能。习题篇和测试篇综合了教材中的知识点，以基础知识测试题的形式，作为对理论知识和基本操作的完善和补充。

本书可用作高职高专各专业计算机应用基础课程的辅助教材，也可作为各类计算机基础知识培训的教材及计算机初学者的自学参考书。

◆ 主　　编　赵广复　杜召彬
　　副 主 编　李廷锋　鹿艳晶　乔敬华
　　责任编辑　马小霞
　　责任印制　焦志炜

◆ 人民邮电出版社出版发行　　北京市丰台区成寿寺路 11 号
　　邮编　100164　 电子邮件　315@ptpress.com.cn
　　网址　http://www.ptpress.com.cn
　　涿州市京南印刷厂印刷

◆ 开本：787×1092　1/16
　　印张：10.75　　　　　　　2016 年 8 月第 1 版
　　字数：274 千字　　　　　2021 年 9 月河北第 8 次印刷

定价：24.00 元
读者服务热线：(010)81055256　印装质量热线：(010)81055316
反盗版热线：(010)81055315

前言

近年来，随着信息技术产业的迅猛发展，计算机广泛应用于社会各个工作领域，特别是随着办公自动化程度的不断提高，熟练操作计算机和使用办公软件已经是高校学生必备的能力。同时，由于学生计算机知识的起点不断提高，计算机基础课程的教学改革不断深入，对于计算机应用基础课程应该教什么、怎样教，学生学什么、怎样学的问题，都在不停地探索与实践。

本套教材从分析职业岗位技能入手，从办公软件应用出发，以 Windows 7 操作系统和 Office 2010 办公软件为平台，以现代化企业办公中涉及的文件资料管理、文字处理、电子表格和演示文稿软件的使用及 Internet 的应用等为主线，通过设计具体的工作任务，引导学生进行实战演练，突出学生能力的培养，最终提升学生的计算机应用能力和职业化的办公能力。

《计算机应用基础项目化教程》具有以下几个特点。

（1）以实际任务为驱动，以工作过程为导向，通过真实的工作内容构建教学情景，教师在"做中教"，学生在"做中学"，实现"教、学、做"的统一。

（2）全书共分 6 个项目：初识计算机、Internet 基础与应用，Word 2010 的使用、Excel 2010 的使用、PowerPoint 2010 的使用、计算机安全与维护。在内容设计上充分体现了知识的模块化、层次化和整体化；在内容选择上以计算机操作员国家职业标准和计算机应用基础课程标准为依据，按照先易后难、先基础后提高的顺序组织教学内容，符合初学者的认知规律。

（3）工作任务的设计突出职业场景，在给出任务描述和任务分析后提供任务的具体实现步骤，然后提炼出完成任务涉及的主要知识点，最后配有相应的训练任务做巩固练习之用。

（4）课堂教学中的核心内容嵌入"微课"视频，手机扫一扫，学习更容易。

（5）兼顾全国计算机等级考试一级——计算机基础及 MS Office 应用的具体要求。

（6）配套主版《计算机应用基础实验指导》，方便教师和学生使用。

《计算机应用基础实验指导》共分 3 篇——实验篇、习题篇与测试篇。其中实验篇与习题篇在内容安排上与《计算机应用基础项目化教程》相对应。实验篇共安排了 20 个上机实验，帮助和引导对计算机基本操作尚不熟练的学生更快地掌握计算机操作技能。习题篇和测试篇综合了教材中的知识点，以基础知识测试题的形式，作为对理论知识和基本操作的完善和补充。

本书附录 I 和附录 II 给出了习题篇和测试篇的参考答案，内容实用，解析准确。附录 III 给出了全国计算机等级考试一级 MS Office 考试大纲（2013 年版），包括考试基本要求、考试内容和考试方式 3 部分，供读者参考。

本书涉及的公司名称、个人信息、产品信息等内容因教学需要而设计，均为虚构，如有雷同，纯属巧合。

《计算机应用基础项目化教程》由赵广复、方加娟任主编，李凯、杨冬松、杜召彬任副主编；《计算机应用基础实验指导》由赵广复、杜召彬任主编，李廷锋、鹿艳晶、乔敬华任副主编，郑州职业技术学院软件工程系的其他老师也给本套教材的编写提出了宝贵的意见和建议，在此一并表示感谢。

由于编者水平所限，书中难免有疏漏与不妥之处，敬请广大读者予以批评指正，将您的优秀思路及建议慷慨反馈给我们（E-mail:pzgf2000@163.com），我们不将胜感激。

编　者
2016 年 6 月

目 录 CONTENTS

第 1 篇 实验篇

第 1 部分　计算机基础知识　2

实验 1　认识计算机　2
实验 2　Windows 7 的基本操作　4
实验 3　操作文件和文件夹　11

第 2 部分　Internet 基础与应用　15

实验 1　设置 IP 地址并测试网络的
　　　　连通性　15
实验 2　使用 IE 浏览器收发电子邮件　16
实验 3　Outlook 的使用　22
实验 4　使用迅雷下载文件　27

第 3 部分　Word 2010 的使用　31

实验 1　Word 2010 基本格式设置　31
实验 2　图文混排　35
实验 3　表格的使用　41
实验 4　长文档的编辑　44

第 4 部分　Excel 2010 的使用　48

实验 1　工作表的建立、编辑与排版　48
实验 2　公式与函数的使用　53
实验 3　数据分析操作　59
实验 4　图表与数据透视表的使用　63

第 5 部分　PowerPoint 2010 的使用　71

实验 1　演示文稿的创建与编辑　71
实验 2　幻灯片特效与播放设置　75

第 6 部分　计算机安全与维护　83

实验 1　360 安全卫士的使用　83
实验 2　用 Ghost 软件备份和恢复系统　89
实验 3　磁盘与系统维护　98

第 2 篇　习题篇

第 1 部分　计算机基础知识练习题　108

第 2 部分　Internet 基础与应用练习题　116

第 3 部分　Word 2010 的使用练习题　120

第 4 部分　Excel 2010 的使用练习题　127

第 5 部分　PowerPoint 2010 的使用练习题　133

第 6 部分　计算机安全与维护练习题　138

第 3 篇　测试篇

第 1 部分　模拟测试卷 1　144

第 2 部分　模拟测试卷 2　148

第 3 部分　模拟测试卷 3　152

附　录

附录 I　习题篇习题参考答案　158

附录 II　测试篇模拟测试卷参考答案　162

附录III 全国计算机等级考试一级 MS Office 考试大纲（2013 年版）　164

第 1 篇 实验篇

- 第 1 部分　计算机基础知识
- 第 2 部分　Internet 基础与应用
- 第 3 部分　Word 2010 的使用
- 第 4 部分　Excel 2010 的使用
- 第 5 部分　PowerPoint 2010 的使用
- 第 6 部分　计算机安全与维护

PART 1 第1部分 计算机基础知识

实验1 认识计算机

 实验目的

（1）熟悉计算机的硬件组成。
（2）熟悉计算机的软件组成。
（3）了解当前使用的操作系统。
（4）掌握计算机启动和关闭的方法。

实验内容

（1）计算机硬件和软件的组成。
（2）计算机的启动和关闭。

 实验步骤

1. 计算机硬件和软件的组成

（1）计算机硬件组成

目前的计算机均依照冯·诺依曼体系结构设计，其硬件系统包括运算器、控制器、存储器（这3项统称为计算机的主机）、输入设备和输出设备（称为计算机的外部设备）。

① 运算器主要完成各种算术运算和逻辑运算。将运算器和控制器合在一起，做成一块半导体集成电路，即中央处理器（CPU）。

② 存储器的功能是存储程序和数据。计算机存储器通常有两种：内部存储器和外部存储器。内部存储器称为内存或主存储器，主要存放当前选择的程序和相关数据，存取的速度快、造价高，所以容量一般比外部存储器小；外部存储器称为外存或辅助存储器，主要存放计算机暂时不选择的程序以及目前尚不需要处理的数据，它的造价低、容量大、速度慢。CPU存取外部存储器的数据时，必须先将数据调入内部存储器。内部存储器是计算机的数据交换中心。

③ 输入设备是指计算机输入信息的设备。它的任务是向计算机提供原始数据，输入设备有键盘、鼠标、扫描仪、手写笔、触摸屏、条形码输入设备、数字化仪等。

④ 输出设备是指可识别从计算机中输出的信息的设备，输出设备有显示器、打印机、绘

图仪和扬声器等。

（2）计算机软件组成

计算机软件包括系统软件和应用软件。其中，系统软件是计算机的基本软件，系统软件包括监控程序、操作系统、汇编程序、解释程序、编译程序和诊断程序等。应用软件是为了使用和管理计算机而编写的各种应用程序。

（3）操作系统软件

操作系统位于底层硬件与用户之间，是两者沟通的桥梁。用户可以通过操作系统的用户界面输入命令。操作系统则对命令进行解释，驱动硬件设备，实现用户要求。目前，微机上常见的操作系统有 DOS、OS/2、UNIX、XENIX、Linux、Windows、Netware 等。其中最常用的是 Windows 操作系统，后面将以其为例进行讲解。

2. 计算机的启动和关闭

（1）启动计算机

一般来说，启动计算机分为启动显示器和启动主机箱两部分。正确启动计算机的顺序是先启动显示器及其他外部设备，然后启动主机。这是因为设备在通电和断电的瞬间会产生较大的电流冲击，后启动显示器等外部设备可能会使主机产生异常或者无法启动。因此，养成良好的开机习惯能够延长计算机的使用寿命。从关机状态启动计算机也称为"冷启动"。

① 启动显示器。按下显示器的电源开关即可启动显示器。显示器的电源开关一般在显示器最下方或者右侧边缘，如图 1-1 所示。显示器关闭时，开关指示灯熄灭，此时按下显示器开关按钮即可打开显示器。主机未启动时，显示器开关指示灯发出黄色或红色亮光，显示器屏幕为黑色；当计算机启动后，显示器开关指示灯发出绿色或蓝色亮光，同时屏幕显示相应画面。

② 启动计算机主机箱。按下计算机主机箱的电源开关 Power 按键，等候显示器显示开机信息。Power 按键通常在主机箱正面位置，如图 1-2 所示。此时，主机箱 Power 按键处会亮灯，同时发出工作噪声，显示器开始显示开机画面。

显示器开关

图 1-1　计算机显示器

主机电源开关

图 1-2　计算机主机箱

③ 选择操作系统。当显示器上提示选择操作系统时，使用键盘的方向键↑或↓选中 Windows 7 选项，然后按 Enter 键，即可进入 Windows 7 操作系统的启动界面，如图 1-3 所示。此时需要等待一段时间，直到出现 Windows 7 登录界面。

④ 登录 Windows 7。计算机自检后自动引导 Windows 7，在登录界面单击一个用户图标，输入用户名和密码，如图 1-3 所示，进入 Windows 7 操作系统的桌面。

图 1-3　登录界面

（2）关闭计算机

关机的步骤如下。

① 单击"开始"按钮，在打开的"开始"菜单中单击"关机"按钮。

② 关闭计算机系统。

③ 再依次关闭显示器及外设电源。

 提示　　　当计算机出现比较严重的故障，如键盘和鼠标同时失效时，此时无法使用前两种方法，可以直接在机箱上找到 Reset 按键，重新启动计算机，也称为"冷启动"。需要注意的是，不要强行使用"冷启动"，因为打开电源开关时，瞬间电流对计算机的冲击很大，反复冲击容易损坏计算机。

实验 2　Windows 7 的基本操作

实验目的

（1）掌握设置 Windows 7 桌面背景的方法。

（2）掌握设置屏幕保护程序的方法。

（3）掌握设置屏幕分辨率的方法。

（4）掌握排列图标的方法。

（5）掌握在任务栏和"开始"菜单中增加应用程序快捷方式的方法。

（6）学会设置鼠标和键盘的基本方法。

实验内容

为计算机进行显示属性的设置，同时为了使用方便及信息的存放安全，可以进行账户和权限管理，具体要求如下。

（1）把桌面背景改成自己喜欢的图案。

（2）设置屏幕保护程序并设置密码，以免自己长时间不使用计算机时其他人随便使用或破坏自己的数据和文件。

（3）为了使用方便，在任务栏或"开始"菜单中添加常用的应用程序的快捷方式。

（4）设置专门的账户给其他人，维护自己的信息安全。

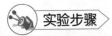 实验步骤

1. 设置桌面背景

设置桌面背景的相关步骤如下。

（1）右键单击桌面任意空白处，弹出图1-4所示的快捷菜单，选择"个性化"命令。

（2）打开"个性化"窗口，单击"桌面背景"链接，如图1-5所示。

图1-4　快捷菜单

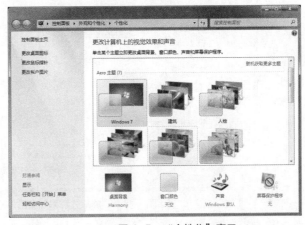

图1-5　"个性化"窗口

（3）在打开的"桌面背景"窗口中单击"浏览"按钮，在打开的对话框中选择"背景.jpg"文件所在的盘符和文件夹名，"背景.jpg"图片文件即出现在下面的列表框中，选择该图片，在桌面上即可实时预览显示效果。

（4）单击"图片位置"下拉按钮，在弹出的下拉列表选择"拉伸"选项，可以设置图片在桌面上的显示方式，然后单击"保存修改"按钮。

2. 改变外观字体大小为大字体

改变外观（包括图标的文字）字体的大小为大字体。

（1）打开"个性化"窗口，单击"显示"链接，打开"显示"窗口，如图1-6所示。

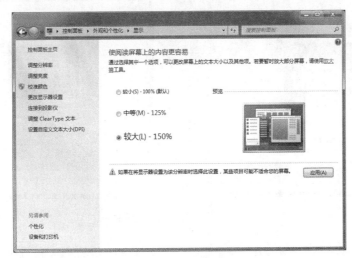

图1-6　"显示"窗口

（2）单击选中"较大"单选按钮，最后单击"应用"按钮确认修改。

3．设置屏幕分辨率为最大

（1）在桌面空白处单击鼠标右键，在弹出的快捷菜单中选择"屏幕分辨率"命令，打开"屏幕分辨率"窗口，如图1-7所示。

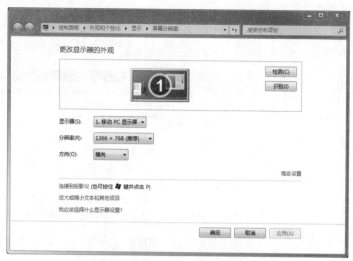

图1-7 "屏幕分辨率"窗口

（2）单击"分辨率"下拉按钮，在弹出的下拉列表中拖动滑块，将屏幕分辨率设置为最"高"一端，单击"应用"按钮即可。

4．设置屏幕保护程序

设置屏幕保护程序为三维文字，时间为1分钟。

（1）打开"个性化"窗口，单击"屏幕保护程序"链接。打开"屏幕保护程序设置"对话框，如图1-8所示。

（2）在"屏幕保护程序"下拉列表框中，选择"三维文字"选项，在该选项卡的显示器中可预览到该屏幕保护程序的显示效果，如图1-9所示。

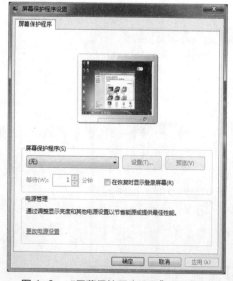

图1-8 "屏幕保护程序设置"对话框

图1-9 选择屏幕保护程序

（3）单击"设置"按钮，打开"三维文字设置"对话框，如图 1-10 所示，可对该屏幕保护程序进行相应设置，如重新输入文字等，单击"确定"按钮返回"屏幕保护程序设置"对话框。

（4）单击"预览"按钮，可预览该屏幕保护程序的效果。

（5）在"等待"文本框中输入等待时间为 1 分钟，即计算机 1 分钟无人使用则启动该屏幕保护程序。

5．排列窗口

打开 3 个窗口并对 3 个窗口进行"层叠"排列。

（1）打开"计算机"、Internet Explorer、"画图"窗口。

（2）右键单击"任务栏"空白处，在弹出的快捷菜单中选择"层叠窗口"命令。

6．在任务栏中添加快捷方式

在任务栏上添加 Word 和 Internet Explorer 的快捷方式。

（1）在桌面上右键单击应用程序快捷方式图标，在弹出的快捷菜单中选择"锁定到任务栏"命令，如图 1-11 所示，任务栏即出现了该应用程序图标。

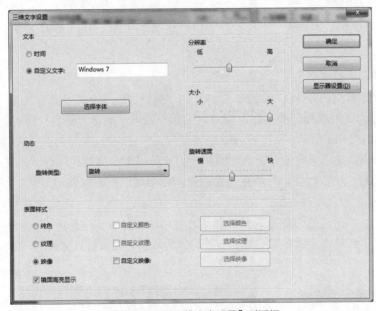

图 1-10　"三维文字设置"对话框　　　　　图 1-11　"锁定到任务栏"命令

（2）在"开始"菜单中找到 Word 快捷方式图标，拖放到任务栏位置，即可在任务栏上建立 Word 应用程序的快捷方式。同理，将桌面上的 Internet Explorer 图标拖放到任务栏上，可以在任务栏上建立 Internet Explorer 的快捷方式，单击图标就能启动相应的应用程序。

7．在任务栏中使用小图标按钮

右键单击任务栏任意空白处，在弹出的快捷菜单中选择"属性"命令，弹出"任务栏和「开始」菜单属性"对话框，将对话框中的"使用小图标"复选框设置为选中状态，单击"确定"按钮，如图 1-12 所示。

8．在"开始"菜单中添加快捷方式

将桌面上的应用程序快捷方式添加到"开始"菜单，可以在桌面上右键单击应用程序图标，在弹出的快捷菜单中选择"附到「开始」菜单"命令，如图 1-13 所示，即可将应用程序的快捷方式添加到"开始"菜单。

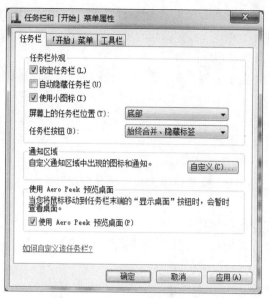

图 1-12 选中"使用小图标"复选框

图 1-13 选择"附到「开始」菜单"命令

9. 键盘设置

对键盘的重复延迟和重复率进行设置。

（1）打开"开始"菜单，选择"控制面板"命令，在打开的"控制面板"窗口中单击"类别"下拉按钮，在弹出的下拉列表中选择"小图标"或"大图标"选项，单击"键盘"图标打开"键盘属性"对话框，如图 1-14 所示。

（2）切换到"速度"选项卡，在"字符重复"选项组中将重复延迟滑块拖动到靠近"短"的位置，将重复速度滑块拖动到"快"位置，然后在下面的文本框中测试按键效果。

10. 鼠标设置

将鼠标设成左手习惯，并且双击速度为低速，鼠标移动时显示轨迹。

（1）在"控制面板"窗口中，单击"鼠标"图标，打开"鼠标属性"对话框，如图 1-15 所示。

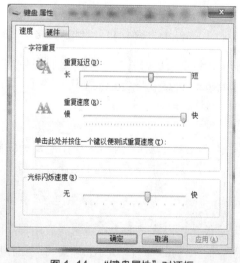

图 1-14 "键盘属性"对话框

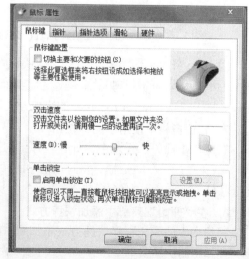

图 1-15 "鼠标属性"对话框

（2）切换到"鼠标键"选项卡，在"鼠标键配置"选项组中选中"切换主要和次要的按钮"复选框，可以满足左手习惯的用户需要。双击速度是指鼠标双击的时间间隔，在"双击速度"选项组中拖动滑块，设置鼠标双击速度为低速，在右侧的测试区中可以体验双击的效果。

（3）切换到"指针选项"选项卡，将"显示指针轨迹"复选框选中。

11. 创建新用户

创建一个新用户，用户类型为受限用户，用户名称为 new，密码为 123。

（1）在"控制面板"窗口中单击"用户账户"图标，打开"用户账户"窗口，如图 1-16 所示。

图 1-16　"用户账户"窗口

（2）单击"管理其他账户"链接，在打开的窗口中单击"创建一个新账户"链接，打开"创建新账户"窗口，在文本中输入新账户名称 new，同时选中"标准用户"单选按钮，如图 1-17 所示。

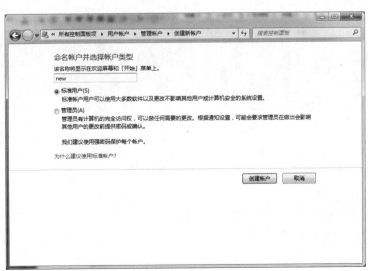

图 1-17　创建一个新账户

（3）单击"创建账户"按钮，则名称为 new 的账户创建成功，如图 1-18 所示。

图 1-18　new 账户创建成功

（4）单击 new 账户图标，在打开的图 1-19 所示的窗口中单击"创建密码"链接，打开创建密码窗口，如图 1-20 所示。在密码文本框中输入两遍密码 123，为了防止忘记密码，可以在密码提示文本框中输入密码提示信息，输入完毕单击"创建密码"按钮，密码创建完成。

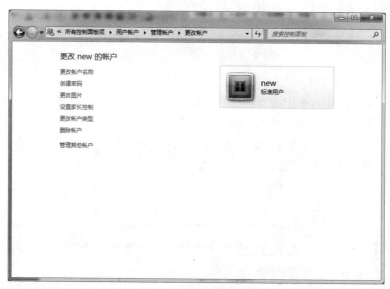

图 1-19　为账户创建密码

12. 更改账户名称和密码

将 new 账户名称改为 user，密码改为 654321。

在图 1-19 所示的窗口中单击"更改账户名称"链接，在打开的窗口中设置自己的新用户名即可；同样，单击"创建密码"链接，打开创建密码窗口，在密码文本框中重新输入两遍新的密码 654321，为了防止遗忘密码，可以在密码提示文本框中输入密码提示信息，输入完毕单击"创建密码"按钮，密码更改完成。

图 1-20　创建密码

13. 系统日期和时间设置

打开"控制面板"窗口，单击"日期和时间"图标，打开"日期和时间"对话框，如图 1-21 所示。将系统日期和时间设置为当前日期和时间。

图 1-21　"日期和时间"对话框

实验 3　操作文件和文件夹

 实验目的

（1）掌握建立新文件夹的操作。

（2）掌握文件与文件夹的重命名的方式。

（3）掌握文件与文件夹的复制与移动的方法。

（4）掌握文件与文件夹的删除方法。

实验内容

（1）查找文件与文件夹。

（2）创建文件夹。

（3）重新命名文件或文件夹。

（4）选定文件与文件夹。

（5）复制文件与文件夹。

（6）移动文件与文件夹。

（7）删除文件与文件夹等操作。

实验步骤

1. 查找文件与文件夹

（1）打开"开始"菜单，选择"计算机"命令，打开"计算机"窗口，如图 1-22 所示。

图 1-22　"计算机"窗口

（2）在搜索框中输入所需查找的文件全名或部分名称，在窗口空白处会实时显示搜索结果，如图 1-23 所示。

图 1-23　实时显示的搜索结果

2. 创建文件夹

方式一：进入需要创建文件夹的窗口，执行"文件"→"新建"→"文件夹"命令，此时就可以观察到当前文件夹内容窗口中出现了一个新的文件夹图标，其名称为"新建文件夹"。

方式二：进入需要创建文件夹的窗口，单击鼠标右键，在弹出的快捷菜单中选择"新建"→"文件夹"命令，如图1-24所示，此时就可以观察到当前文件夹内容窗口中出现了一个新的文件夹图标，其名称为"新建文件夹"。

3. 重新命名文件或文件夹

方式一：选择需要重新命名的文件或文件夹，单击鼠标右键，在弹出的快捷菜单中选择"重命名"命令，则其文件名变为可编辑状态，此时输入新的名称，按Enter键确认或单击任意空白处，如图1-25所示。

图1-24　新建文件夹

图1-25　重命名文件夹

方式二：选择需要重新命名的文件或文件夹，执行"文件"→"重命名"命令，也可修改文件或文件夹的名字。

方式三：选择需要重新命名的文件或文件夹，按F2键，也可修改文件或文件夹的名字。

4. 选定文件与文件夹

（1）选定单个文件或文件夹

在资源管理器窗口右半部分的内容窗口中单击需要选定的文件或文件夹，其图标变为选中状态，单击窗口任意空白处可取消选中该文件或文件夹。

（2）选定一组连续排列的文件或文件夹

在资源管理器窗口右半部分的内容窗口中单击需要选定的第一个文件或文件夹，按住Shift键，将鼠标指针移动到需要选择的最后一个文件或文件夹并单击，可选中一组连续排列的文件或文件夹。单击窗口任意空白处可取消选中该组文件或文件夹。

（3）选定一组非连续排列的文件或文件夹

按住Ctrl键的同时，单击每个需要选定的文件或文件夹的图标，可选中一组非连续排列的文件或文件夹。单击窗口任意空白处可取消选中该组文件或文件夹。

（4）选定所有的文件和文件夹

在资源管理器窗口中执行"编辑"→"全选"命令，或者直接按Ctrl+A组合键，则该窗口的所有文件和文件夹均变为被选中状态。单击窗口任意空白处可取消选中所有文件和文件夹。

5. 复制文件与文件夹

（1）利用"编辑"菜单进行复制的操作步骤

① 打开资源管理器窗口。

② 进入需要复制的文件或文件夹所在的上层文件夹。

③ 选中需要复制的文件或文件夹，执行"编辑"→"复制"命令，或者按 Ctrl + C 组合键。

④ 进入要存放所复制的文件或文件夹的目的地文件夹。

⑤ 执行"编辑"→"粘贴"命令或者按 Ctrl + V 组合键，此时就可以看到文件与文件夹的复制过程，完成文件或文件夹的复制。

（2）利用鼠标进行复制的操作步骤

① 打开资源管理器窗口。

② 进入需要复制的文件或文件夹所在的上层文件夹。

③ 选中需要复制的文件或文件夹。

④ 改变资源管理器窗口的大小，使要复制文件或文件夹的目的地文件夹可见。

⑤ 选中需要复制的文件或文件夹，按住 Ctrl 键的同时将文件或文件夹拖动至目的地文件夹中，即可完成文件或文件夹的复制。

6. 移动文件与文件夹

（1）利用"编辑"菜单进行移动的操作步骤

① 打开资源管理器窗口。

② 进入需要移动的文件或文件夹所在的上层文件夹。

③ 选中需要移动的文件或文件夹，执行"编辑"→"剪切"命令或者按 Ctrl + X 组合键。

④ 进入要存放所复制的文件或文件夹的目的地文件夹。

⑤ 执行"编辑"→"粘贴"命令或者按 Ctrl + V 组合键，即可完成文件或文件夹的移动。

（2）利用鼠标进行移动的操作步骤

① 打开资源管理器窗口。

② 进入需要移动的文件或文件夹所在的上层文件夹。

③ 选中需要移动的文件或文件夹。

④ 改变资源管理器窗口的大小，使要移动文件或文件夹的目的地文件夹可见。

⑤ 选中需要移动的文件或文件夹，按住鼠标左键，将文件或文件夹拖动到目的地文件夹后释放鼠标，即可完成文件或文件夹的移动。

7. 删除文件与文件夹

方式一：选中需要删除的文件或文件夹，执行"文件"→"删除"命令，即可删除文件或文件夹。

方式二：选中需要删除的文件或文件夹，单击鼠标右键，在弹出的快捷菜单中选择"删除"命令，即可删除文件或文件夹。

方式三：改变资源管理器窗口的大小，使桌面的"回收站"图标可见，选中需要删除的文件或文件夹，按住鼠标左键，将文件或文件夹拖动至回收站后释放鼠标，即可删除文件或文件夹。

第 2 部分
Internet 基础与应用

实验 1　设置 IP 地址并测试网络的连通性

 **实验目的**

（1）掌握 IP 地址的设置方法。

（2）掌握测试网络连通性的方法。

实验内容

（1）根据安排设置可以接入 Internet 的 IP 地址、网关地址与 DNS 服务器地址，并测试网关的连通性。

（2）使用 IE 8.0 并利用百度搜索引擎搜索自己家乡地区的旅游景点相关的网页信息（包括景点介绍、交通出行信息和景点图片三类），要求搜索出两个或以上景点。

（3）将搜索到的网页保存到收藏夹的"我的家乡"文件夹中，并以相应景点的名字对网页进行命名。

（4）下载上述三类相关信息的文字与图片，保存到一个 Word 文档中，并制作一条单日或双日的自助旅游路线方案，命名为"游览我的家乡"。

（5）将制作完成的 Word 文档以附件形式发送到班级的公共邮箱中。

 **实验步骤**

1. 设置 IP 地址

打开"控制面板"窗口，单击"网络和共享中心"图标，打开"网络和共享中心"窗口，单击"本地连接"链接，打开"本地连接状态"对话框，单击"属性"按钮，打开"本地连接属性"对话框，如图 2-1 所示。

选中"Internet 协议版本 4（TCP/IPv4）"复选框，再单击"属性"按钮，打开"Internet 协议版本 4（TCP/IPv4）属性"对话框。选中"使用下面的 IP 地址"单选按钮后，在"IP 地址"文本框中输入网络管理员分配好的 IP 地址，然后单击"子网掩码"文本框，系统自动填入相应的子网掩码（若自动填入的子网掩码与实际不符，再自行修改），接着，填入由网络管理员提供的"默认网关""首选 DNS 服务器"和"备用 DNS 服务器"地址，如图 2-2 所示。最后单击"确定"按钮依次关闭各对话框，即完成 IP 地址的设置。

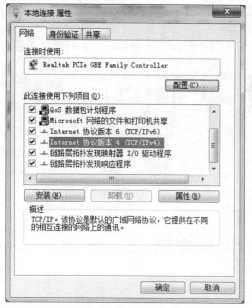

图 2-1 "本地连接属性"对话框

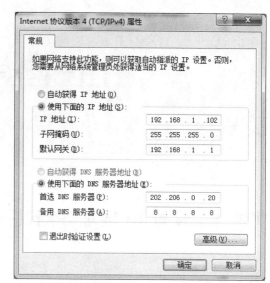

图 2-2 "Internet 协议版本 4（TCP/IPv4）属性"对话框

2. 测试网络连通性

打开"开始"菜单，执行"所有程序"→"附件"→"命令提示符"命令，打开"命令提示符"窗口。测试操作按如下两步进行，操作命令如图 2-3 所示。

（1）输入"ping 主机本身的 IP 地址"，测试本机网络连接是否正常。

（2）输入"ping 网关 IP 地址"，测试主机对外的网络出口是否连通正常。

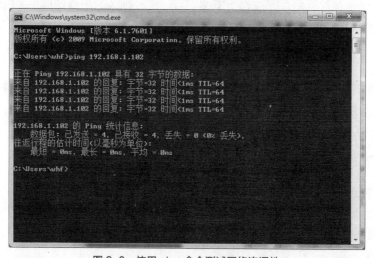

图 2-3 使用 ping 命令测试网络连通性

实验 2 使用 IE 浏览器收发电子邮件

 实验目的

（1）掌握申请电子邮箱的步骤。

（2）掌握接收和阅读电子邮件的方法。

（3）掌握撰写和发送电子邮件的步骤。

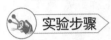

实验内容

熟练掌握 126 电子邮箱的使用方法，进一步了解 Internet 的应用方法。

实验步骤

1. 申请免费的电子邮箱

（1）在浏览器地址栏中输入网易 126 免费邮的网址 www.126.com，按 Enter 键，登录 126 免费邮的主页，如图 2-4 所示。

图 2-4　126 免费邮主页

（2）单击主页中的"注册"按钮，进入电子邮箱的注册页面，如图 2-5 所示。

图 2-5　邮箱注册页面

（3）可以选择注册字母邮箱或者手机号码邮箱，这里选择注册字母邮箱。根据页面中的提示文字，在"邮件地址"文本框中按要求输入一个用户名，该用户名将作为登录电子邮箱时的用户名。在"密码"和"确认密码"文本框中分别输入相同的密码并输入正确的验证码，然后单击"立即注册"按钮，跳过要求输入手机号码的步骤直接进入邮箱，如图2-6所示。

图2-6　邮箱界面

注意　　　如果输入的用户名已经被其他用户注册了，系统会提示该用户名已经被注册，并提供一些相关的没有被注册的用户名供选择，用户需要重新设置用户名。

2．登录邮箱

（1）打开邮箱的主页，在"邮箱账号或手机号"和"密码"文本框中分别输入邮箱账号和密码，如图2-7所示。

图2-7　登录邮箱页面

（2）单击"登录"按钮，即可进入邮箱，如图2-6所示。

（3）登录邮箱后，可以看到邮箱分为左右两个部分，左边是邮箱的文件夹，分为收件箱、草稿箱、已发送等几个部分。可以单击相应的文件夹来进行邮件的收发和删除等操作。

3. 电子邮件的接收和阅读

（1）登录电子邮箱后，如果有新邮件，邮箱会给出提示。单击"收信"按钮，或单击"收件箱"文件夹均可打开收件箱收取邮件，如图 2-8 所示。

图 2-8　邮件列表

（2）邮箱的右侧是邮件的列表，未阅读的邮件标题加粗显示，并且标题左侧有一个未打开的信封图标。单击要阅读邮件的标题即可打开该邮件进行阅读，如图 2-9 所示。如果邮件中附带了附件，则可以在邮件中打开附件或将附件下载到本地计算机中。

图 2-9　打开邮件

（3）将附件下载到本地计算机中的方法如下。

① 将鼠标指针移到附件上方，在弹出的选项中选择"下载"，系统将弹出一个"文件下载"对话框，如图 2-10 所示。

图 2-10　"文件下载"对话框

② 单击"打开"按钮可以在弹出的页面中打开附件查看内容。

③ 单击"取消"按钮可以取消下载附件；单击"保存"按钮，将打开"另存为"对话框，如图 2-11 所示。选择附件保存的位置，单击"保存"按钮即可。

图 2-11　"另存为"对话框

4．撰写和发送电子邮件

发送邮件有两种方式：一种是在阅读邮件时直接给对方回复，这时不需要输入收件人的地址；另一种是单击"写信"按钮，指定收件人来发送邮件。

（1）回复邮件

① 在阅读邮件时，如果需要给对方回复邮件，可以直接单击邮件顶端的"回复"按钮，这时系统自动填写收件人、主题，并将光标定位到邮件编辑区，如图 2-12 所示。

② 编辑好邮件的内容后，单击"发送"按钮即可。如果邮件发送成功，系统会弹出一个显示"邮件发送成功"字样的页面。

图 2-12　回复邮件

（2）指定收件人发送邮件

① 单击电子邮箱左侧的"写信"按钮，打开写信页面，如图 2-13 所示。

图 2-13　写信

② 将光标定位到邮件编辑区，输入邮件的内容。如果需要发送附件，则单击"添加附件"超链接，打开"选择要上载的文件"对话框，如图 2-14 所示。在对话框中选择要上传的文件，单击"打开"按钮，将附件添加到邮件中。

③ 撰写完邮件后，和普通信件一样，还需要输入收件人的地址才能发送出去。在"收件人"文本框中输入收件人的邮箱，在"主题"文本框中输入邮件的主题，以便收件人识别，最后单击"发送"按钮，即可将邮件发送出去。

图 2-14 "选择要上载的文件"对话框

 提示 　　如果需要将一封邮件同时发给多个收件人，可以在"收件人"文本框中输入多个邮箱地址，地址之间用分号隔开，如输入 xgb123@sohu.com；huatengedu@126.com，表示同时将邮件发送给 xgb123@sohu.com 和 huatengedu@126.com。

实验 3　Outlook 的使用

 实验目的

（1）掌握账号的设置方法。
（2）掌握撰写与发送邮件的步骤。
（3）掌握在电子邮件中插入附件的方法。
（4）掌握回信与转发的相关操作。
（5）掌握联系人的使用方法。

实验内容

（1）对 Outlook 进行账号设置。
（2）撰写与发送邮件。
（3）在电子邮件中插入附件。
（4）回复与转发邮件。
（5）联系人的使用。

实验步骤

1. 账号的设置

在使用 Outlook 收发电子邮件之前，必须先对 Outlook 进行账号设置。打开 Outlook 2010

后，在"文件"→"信息"中找到"添加账户"按钮，如图 2-15 所示，单击该按钮，打开图 2-16 所示的"添加新账户"对话框，选中"电子邮件账户"单选按钮，单击"下一步"按钮。在图 2-17 所示的窗口中正确填写 E-mail 地址和密码等信息，单击"下一步"按钮，Outlook 会自动联系邮箱服务器进行账户配置，稍后就会显示图 2-18 所示的窗口，说明账户配置成功。

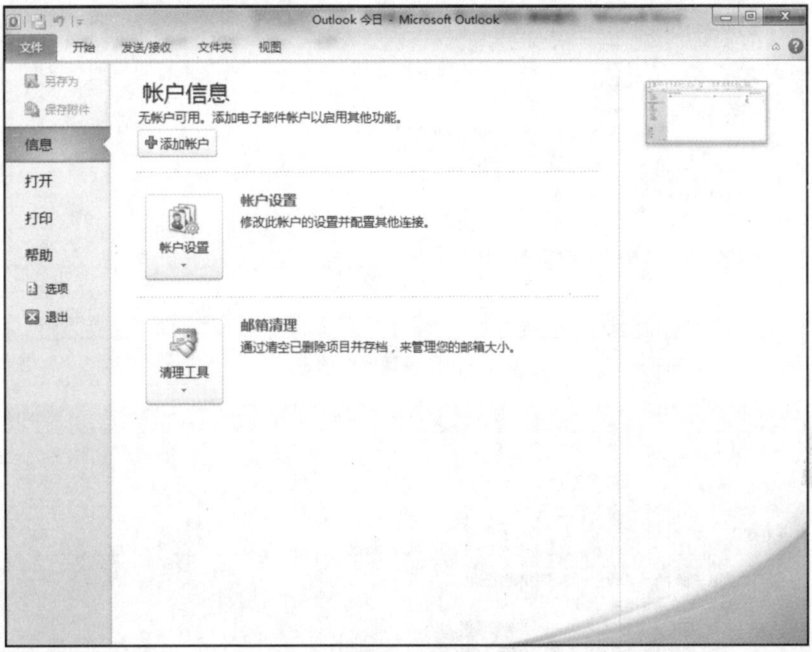

图 2-15　Outlook 账户信息

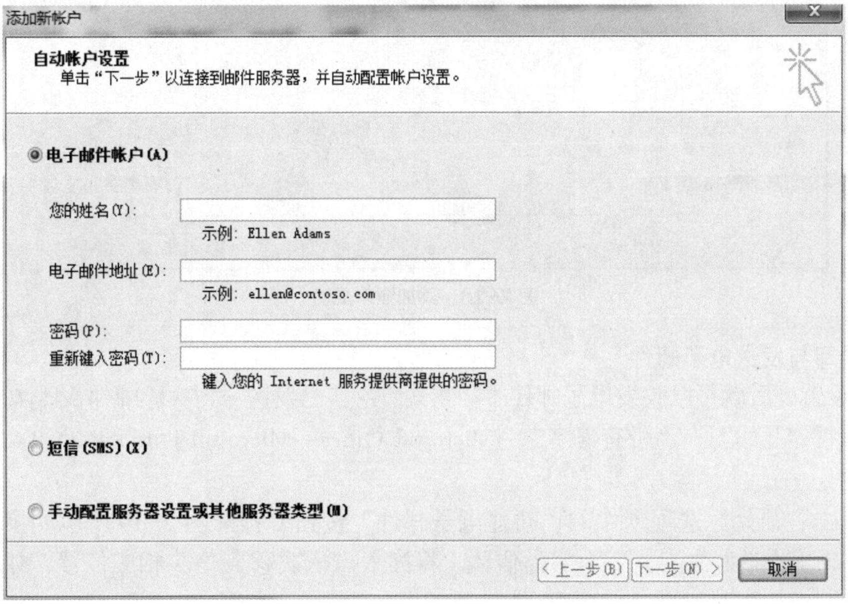

图 2-16　添加新账户

完成后，在"文件"→"信息"中的账户信息下就可看到账户 whfzy2011@126.com，此时就可以使用 Outlook 进行邮件的收发了。

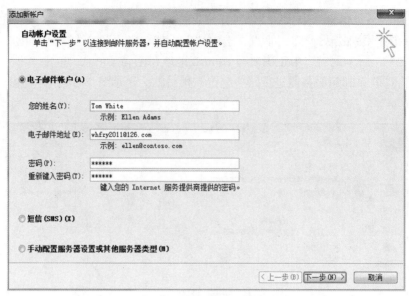

图 2-17 设置账户信息

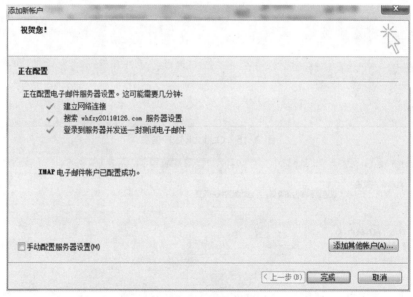

图 2-18 添加账户成功

2. 撰写与发送电子邮件

账号设置好后就可以收发电子邮件了。先试着给自己发送一封实验邮件，具体操作如下。

① 执行"开始"→"所有程序"→Microsoft Office→Microsoft Outlook 2010 命令，启动 Outlook。

② 单击"开始"选项卡中的"新建电子邮件"按钮，打开图 2-19 所示的撰写新邮件窗口。窗口上半部为信头，下半部为信体。将插入点依次移到信头相应位置，并填写如下各项。

收件人：whfzy2011@126.com（假设给自己发邮件，这里用发件人的 E-mail 地址）。

抄送：whfzy2011@126.com。

主题：测试邮件。

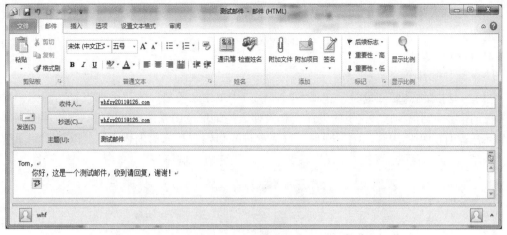

图 2-19　撰写新邮件

③ 将插入点光标移到信体部分，输入邮件内容。

④ 单击"发送"按钮，即可发往上述各收件人。

如果脱机撰写邮件，则邮件会保存在"发件箱"中，待下次连接到网络时会自动发出。邮件信体部分可以像编辑 Word 文档一样去操作。例如，可以改变字体颜色、大小，调整对齐格式，甚至插入表格、图片等。

3. 在电子邮件中插入附件

如果要通过电子邮件发送计算机中的其他文件，如 Word 文档、数码照片等，可以把这些文件作为邮件的附件随邮件一起发送。在撰写电子邮件时，可以按下列操作插入指定的计算机文件。

① 单击"邮件"选项卡中的"附加文件"按钮，打开"插入文件"对话框，如图 2-20 所示。

图 2-20　"插入文件"对话框

② 在对话框中选定要插入的文件，然后单击"插入"按钮。

③ 在新撰写邮件的"附件"框中会列出所附加的文件名。

另一种插入附件的简单方法，是直接把文件拖曳到发送邮件的窗口上，就会自动插入为邮件的附件。

4．回信与转发

（1）回复邮件

看完一封邮件需要回复时，在邮件阅读窗口中单击"答复"或"全部答复"图标，弹出图 2-21 所示的回信窗口，这里的发件人和收件人的地址已由系统自动填好，原信件的内容也都显示出来作为引用内容。编写回信，这里允许原信内容和回信内容交叉，以便引用原信语句。回信内容写好后，单击"发送"按钮，就可以完成回信任务。

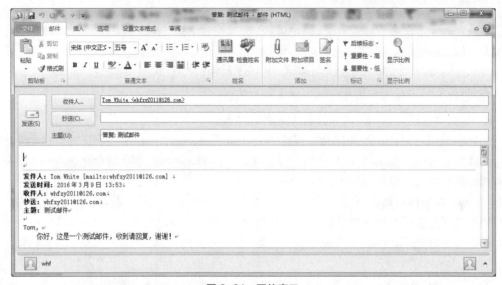

图 2-21　回信窗口

（2）转发邮件

如果觉得有必要让更多的人阅览自己收到的这封信，例如，用邮件发布的通知、文件等，就可以转发该邮件，可进行如下操作。

① 对于刚阅读过的邮件，直接在邮件阅读窗口上单击"转发"图标。对于收件箱中的邮件，可以先选中要转发的邮件，然后单击"转发"图标。之后，均可进入类似回复窗口那样的转发邮件窗口。

② 填入收件人地址，多个地址之间用逗号或分号隔开。

③ 必要时，在待转发的邮件之下撰写附加信息。最后，单击"发送"按钮，完成转发。

5．联系人的使用

联系人是 Outlook 中十分有用的工具之一。利用它不但可以像普通通讯录那样保存联系人的 E-mail 地址、邮编、通信地址、电话和传真号码等信息，而且还具有自动填写电子邮件地址、电话拨号等功能。下面简单介绍联系人的创建和使用。

添加联系人信息的具体步骤如下。

① 在 Outlook "开始"选项卡的左下角选择"联系人"，打开联系人管理视图，如图 2-22 所示。可以在这个视图中看到已有的联系人名片，显示了联系人的姓名、E-mail 等摘要信息。双击某个联系人的名片，即可打开详细信息进行查看或编辑。选中某个联系人的名片，在功能区上单击"电子邮件"按钮，就可以给该联系人编写并发送邮件了。

图 2-22 "联系人"视图

② 在"开始"选项卡的"新建"组中单击"新建联系人"按钮，打开联系人资料填写窗口，如图 2-23 所示，联系人资料包括姓氏、名字、单位、电子邮件、电话号码、地址以及头像等。

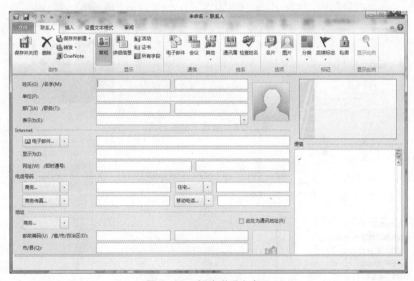

图 2-23 新建联系人窗口

③ 将联系人的各项信息输入相关选项卡的相应文本框中，并单击"保存并关闭"按钮。完成上述 3 步，就可将联系人的信息建立在通讯簿中。

实验 4　使用迅雷下载文件

 实验目的

（1）掌握使用迅雷下载文件的一般步骤。

（2）掌握迅雷对下载任务的管理和配置的一般方法。

 实验内容

（1）下载单个文件和网页中的全部链接。

（2）批量下载和 BT 下载。

（3）管理下载任务。

实验步骤

1. 下载文件

执行"开始"→"所有程序"→"迅雷软件"→"迅雷 7"→"启动迅雷 7"命令，打开迅雷 7 主界面，如图 2-24 所示。

图 2-24　迅雷 7 的主界面

（1）下载单个文件

① 右键单击网页中的链接，弹出图 2-25 所示的快捷菜单，选择"使用迅雷下载"命令，打开图 2-26 所示的"新建任务"对话框。

图 2-25　快捷菜单

图 2-26　"新建任务"对话框

② 各项设置完毕，单击"立即下载"按钮，下载任务开始执行。

（2）下载网页中的多个链接

① 右键单击网页，在弹出的快捷菜单中选择"使用迅雷下载全部链接"命令，弹出询问是否使用框选方式批量下载的提示框，单击"否"按钮，弹出"选择下载地址"对话框，如图 2-27 所示。

② 此窗口已经包含了网页中的所有链接，用户选择后单击"立即下载"按钮即可下载。

图 2-27 "选择下载地址"对话框

图 2-28 "批量任务"对话框

（3）批量下载

① 在迅雷主界面中单击"新建"按钮，弹出"新建任务"对话框，在该对话框中单击"按规则添加批量任务"链接。

② 在弹出的"批量任务"对话框中的 URL 文本框中输入"http://www.aaa.com/（*）.mp3"，填写从 1 到 18，通配符长设置为 2（通配符就是*的长度）。

③ 此时出现新建的一系列任务，如图 2-28 所示，单击"确定"按钮就可以批量建立任务了。

（4）BT 下载

① 找到一个 BT 资源下载地址，右键单击链接。

② 在弹出的快捷菜单选择"使用迅雷下载"命令，弹出图 2-29 所示的"新建任务"对话框。

图 2-29 新建 Torrent 文件下载任务

图 2-30 "新建磁力链接"对话框

③ 选择文件需要保存的位置，单击"立即下载"按钮。

④ 迅雷会下载完成并自动打开 Torrent 文件，弹出"新建 BT 任务"对话框，如图 2-30 所示。

⑤ 单击"立即下载"按钮开始下载。

2. 管理下载任务

① 依照上述方法建立下载任务后，就可以在任务列表中看到这些文件。列表中显示了文件名称、文件大小、进度和速度等，如图 2-31 所示。

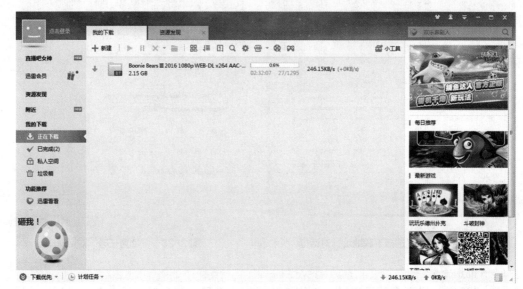

图 2-31　任务列表面板

② 选中该文件后，可以使用工具栏中的"暂停任务"或"删除任务"按钮来操作任务，单击"打开文件存放目录"按钮可以打开文件下载的目录。

③ 在左侧"我的下载"选项区中，可以选择查看正在下载和已完成的文件。

提示：单击"菜单"按钮，在弹出的下拉菜单中执行"工具"→"下载配置中心"命令，打开"配置中心"界面，在其中可以对迅雷进行各项配置。

第 3 部分
Word 2010 的使用

实验 1 Word 2010 基本格式设置

实验目的

（1）掌握文本录入、文本选择、文档保存的方法。

（2）掌握文档中字符格式的设置，包括字体、字号、文字颜色。

（3）学会段落格式的设置，包括首行缩进、段前和段后、段落的底纹等。

（4）学会项目符号和编号的设置方法。

（5）了解页眉的设置方法。

实验内容

制作一个旅游公司简介的文档，效果如图 3-1 所示。

公 司 简 介

> 海南海之缘国际旅行社有限公司注册成立于 1996 年（许可证号：L—HAN-CJ00017），是一家经海南省工商局注册、省旅游局批准成立的具有独立法人资格具有丰富专业经验和优良资质的提供全方位旅游出行、休闲度假、会务会展、商旅管家等服务的综合性旅游企业。

公司于 2003 年经过改革创新，诚信经营，团结奋进，经过多年的发展，拥有一批实践经验丰富的外联、计调、导游人员以及多位长期从事会议接待、会议策划和旅游业务的专业人才。

"海之缘假期"是公司创建于 2002 年的主打服务品牌之一，具有追求完美的线路设计和优化组合，纯游玩线，专业服务的特点，为游客量身打造完美的行程安排，真正实现让客人全程无忧，超值休闲，洗涤身心的快乐假期的目的，实现快乐旅游。

公司通过宣传网站（www.hitooo.com）加强旅游信息引导，为每一位客户在"食、住、行、游、购、娱"一条龙服务中提供优质的人性化服务，创造文明、和谐之旅，深受广大客户的认可。先后荣获"最具影响力的海南知名旅游公司""海口市旅行社质量等级 A 级企业""海口市旅行社十强""全国国内旅行社百强""海南省著名商标"等荣誉称号。

海南旅游线路

- 天涯海角
- 亚龙湾
- 五指山
- 野生动物园
- 热带海洋世界

联系电话☎：400-690-8500 0898-88680802

联系地址：海南省三亚市河西路佳河巷金河公寓 A 座 16 层

图 3-1 实验Ⅰ样文

具体排版格式要求如下。

（1）将标题"公司简介"设置为黑体，加粗，二号，字体颜色蓝色，效果为阴影，段前段后间距为1行，居中对齐。

（2）正文五段为宋体，五号，段落对齐方式为两端对齐，单倍行距。

（3）第一段正文加边框，边框颜色为蓝色，3磅。

（4）小标题"海南旅游线路"为楷体，小三号，字体颜色为蓝色，加双下划线，左对齐，段前、段后各为0.5行，底纹颜色为黄色。

（5）为"旅游线路"设置项目符号，字体颜色均为橙色。

（6）"联系电话"和"联系地址"的对齐方式为右对齐。

（7）为文档设置页眉。

（8）保存文件到"D:\旅游公司简介"。

实验步骤

1. 录入文本

启动 Word 2010，录入公司简介的文字，其中需要插入符号☎，具体步骤如下。

（1）在"插入"选项卡的"符号"组中单击"符号"下拉按钮，在弹出的下拉列表中选择"其他符号"命令，如图3-2所示，打开"符号"对话框。

（2）切换到"符号"选项卡，在"字体"下拉列表框中选择 Wingdings 选项，然后选择符号☎，单击"插入"按钮，如图3-3所示。

图3-2　插入符号

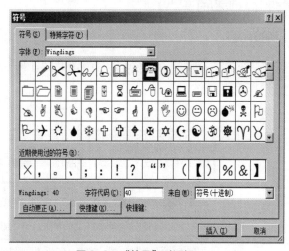

图3-3　"符号"对话框

2. 设置字体格式

（1）选中标题"公司简介"，在"开始"选项卡中设置字体为黑体、加粗、二号，字体颜色蓝色，如图3-4所示；单击"字体"组的组按钮，打开"字体"对话框，在其中设置字体效果为阴影。

（2）选中正文的四段文本，设置为宋体、五号。

（3）将小标题"海南旅游线路"设置为楷体、小三号，字体颜色为蓝色，加双下划线。

（4）选中第一个旅游项目名称，按住 Ctrl 键的同时拖动鼠标依次选中所有旅游项目，并将字体颜色设置为橙色。

3. 段落格式设置

（1）选中标题文本，切换到"页面布局"选项卡，设置段前、段后间距均为"1 行"，如图 3-5 所示，居中对齐。

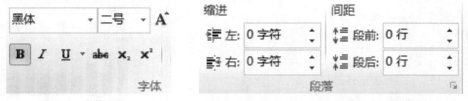

图 3-4　字体设置　　　　　　　　　　图 3-5　段落设置

（2）选中正文的 4 个自然段，在"开始"选项卡的"段落"组中单击组按钮，打开"段落"对话框，从中设置特殊格式为"首行缩进"，磅值为"2 字符"，行距为"单倍行距"，段落对齐方式为"两端对齐"，如图 3-6 所示。

（3）选中第一段正文，切换到"开始"选项卡，单击"段落"组中的"下框线"下拉按钮，在弹出的下拉列表中选择"边框和底纹"命令，如图 3-7 所示，打开"边框和底纹"对话框。在"设置"选项组中选择"方框"选项，样式使用默认的实线，颜色为"蓝色"，宽度为"3 磅"，在"应用于"下拉列表框中选择"段落"选项，如图 3-8 所示。

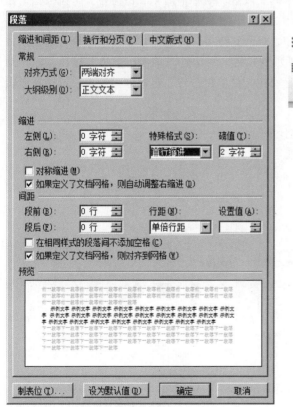

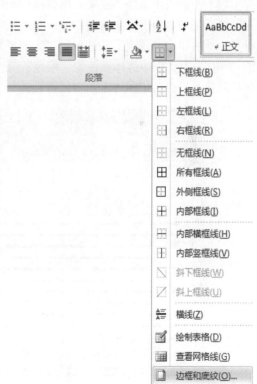

图 3-6　"段落"对话框　　　　　　　图 3-7　选择"边框和底纹"命令

（4）选中小标题，设置段前、段后间距均为 0.5 行，左对齐，底纹颜色为黄色，如图 3-9 所示。

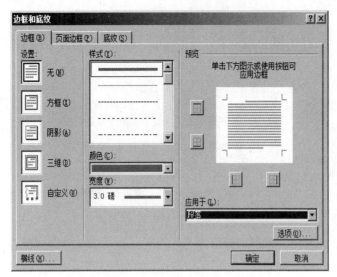

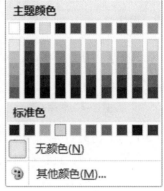

图 3-8 "边框和底纹"对话框

图 3-9 底纹颜色设置

（5）设置"联系电话"和"联系地址"的对齐方式为右对齐。

4．设置项目符号和编号

选中 5 条旅游项目，在"开始"选项卡的"段落"组中单击"项目符号"下拉按钮，在弹出的下拉列表中选择"定义新项目符号"命令，如图 3-10 所示，打开"定义新项目符号"对话框，如图 3-11 所示。单击"符号"按钮，打开"符号"对话框，在其中选择合适的项目符号，然后单击"确定"按钮回到"定义新项目符号"对话框，单击"字体"按钮，在打开的"字体"对话框中选择颜色为"橙色"，在"定义新项目符号"对话框中还可以选择新形状的项目符号，或者用图片表示项目符号。

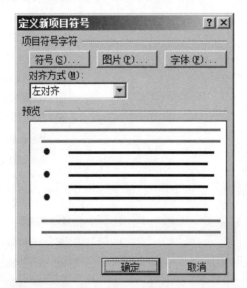

图 3-10 项目符号

图 3-11 定义新的项目符号

5．设置页眉

切换到"插入"选项卡，在"页眉和页脚"组中单击"页眉"下拉按钮，在弹出的下拉列表中选择"空白"选项，如图 3-12 所示，在页眉位置输入文字"海南海之缘国际旅行社有限公司"，设置字号为小五号，对齐方式为左对齐，如图 3-13 所示。双击正文中任意位置回到正文编辑状态。

图 3-12　插入页眉

图 3-13　页眉文字及格式

6. 保存文件

单击快速访问工具栏中的"保存"按钮，在打开的"另存为"对话框中设置保存位置为"D: \"，输入文件名"旅游公司简介"，单击"保存"按钮即可。

实验 2　图文混排

 实验目的

（1）掌握首字下沉和分栏的设置方法。

（2）掌握在文档中插入图片的方法，学会图片格式的设置，包括调整图片大小、环绕方式等。

（3）学会在文档中插入艺术字的方法。

（4）学会在文档中插入文本框和自选图形的方法。

实验内容

制作一篇介绍三峡风光的文档，效果如图3-14所示。

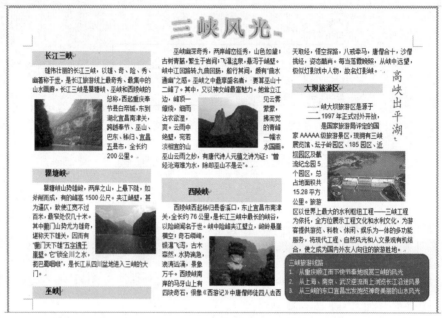

图3-14 实验2样文

具体排版格式要求如下。

（1）页面设置为A4，横向，上、下、左、右边距均为2厘米，页面边框为红色双波浪线。

（2）页面分为三栏，栏宽相等，无分割线。

（3）标题"三峡风光"使用艺术字，放在文档上端中央。

（4）文章二级标题设置浅蓝色底纹。

（5）插入多个图片文件，设置图片大小，环绕方式为紧密型环绕。

（6）插入竖排文本框，设置填充颜色为无，线条颜色为无，环绕方式为四周型。

（7）设置首字下沉行数为三行。

（8）使用自选图形添加一段文字。

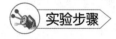**实验步骤**

1．页面设置

（1）切换到"页面布局"选项卡，在"页面设置"组中单击"页边距"下拉按钮，在弹出的下拉列表中选择"自定义边距"命令，在打开的"页面设置"对话框中设置页边距为上、下、左、右均为"2厘米"，如图3-15所示。

（2）设置纸张方向为横向，纸张大小为A4。

（3）在"页面布局"选项卡的"页面背景"组中单击"页面边框"按钮，打开"边框和底纹"对话框，在"设置"选项组中选择"方框"选项，样式选择"双波浪线"，颜色为红色，如图3-16所示。

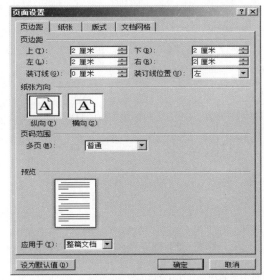

图 3-15　设置页边距

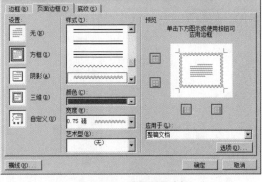

图 3-16　设置页面边框

2.　分栏

在"页面布局"选项卡的"页面设置"组中单击"分栏"下拉按钮，在弹出的下拉列表中选择"三栏"选项，默认栏宽相等，无分割线。

3.　插入艺术字

切换到"插入"选项卡，在"文本"组中单击"艺术字"下拉按钮，在弹出的下拉列表中选择"渐变填充-蓝色，强调文字颜色 1"选项，如图 3-17 所示。在插入的文本框中输入"三峡风光"，设置其字体为"楷体"，字号为"二号"，加粗，如图 3-18 所示。

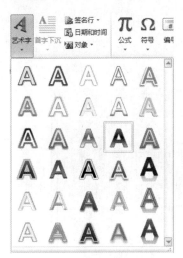

图 3-17　选择艺术字样式

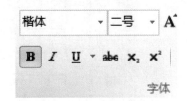

图 3-18　编辑艺术字文字

插入艺术字后，选中艺术字，在窗口的标题栏中间出现关于艺术字的"绘图工具"上下文选项卡，在"格式"选项卡的"艺术字样式"组中单击"文本效果"下拉按钮，在弹出的下拉菜单中选择"映像"→"映像变体"→"紧密映像-接触"选项，如图 3-19 所示。将插入的艺术字移动到合适的位置后单击艺术字，将鼠标指针放到艺术字的四角中的任意一个，当鼠标指针变成箭头形状时，拖动鼠标，根据样文改变艺术字的大小。

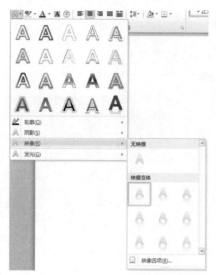

图 3-19　更改艺术字形状

4．插入文字

（1）打开素材中的"长江三峡.docx"文件，将文字复制到当前页面中。

（2）选中"长江三峡"二级标题，按住 Ctrl 键的同时再选中"瞿塘峡""巫峡""西陵峡""大坝旅游区"，设置底纹为浅蓝色。

5．插入图片文件

（1）将光标定位在要插入图片的"瞿塘峡"段落的中部位置。

（2）在"插入"选项卡的"插图"组中单击"图片"按钮，在打开的"插入图片"对话框中选择素材"瞿塘峡.jpg"文件，再单击"插入"按钮。

（3）设置图片大小。右键单击图片，在弹出的快捷菜单中选择"设置图片格式"命令，在打开的"设置图片格式"对话框中选择"大小"选项卡，设置"缩放"的"高度"和"宽度"均为 50%，如图 3-20 所示。

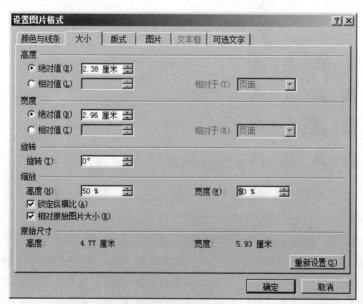

图 3-20　设置图片大小

（4）设置图片环绕方式。在"设置图片格式"对话框中切换到"版式"选项卡，在"环绕方式"选项组中选择"紧密型"，如图 3-21 所示。

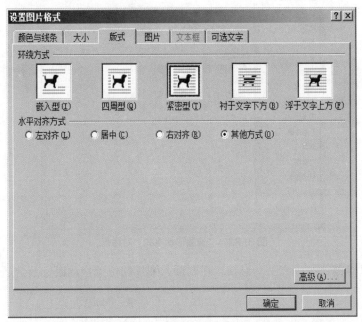

图 3-21　设置图片环绕方式

（5）用鼠标指针拖动图片，将其放在该段的右面，如样文所示。

用同样的方法插入其他 4 个图片到相应的位置。

6. 插入文本框

（1）将光标定位在要插入文本框的"大坝旅游区"段落的中部位置。

（2）在"插入"选项卡的"文本"组中单击"文本框"下拉按钮，在弹出的下拉列表中选择"绘制竖排文本框"命令，鼠标指针变成"＋"形状，按住鼠标左键在编辑区拖动，则出现四周为黑色框线的一个文本框。

（3）在文本框中输入"高峡出平湖"，设置文本字体为楷体，字号为一号，颜色为红色，加粗。

（4）将鼠标指针指向文本框，单击鼠标右键，在弹出的快捷菜单中选择"设置形状格式"命令，打开"设置形状格式"对话框，如图 3-22 所示。

（5）切换到"文本框"选项卡，设置"上""下""左""右"边距均为"0 厘米"；在"线条颜色"选项卡中设置文本框的颜色和线条，设置填充颜色为无，线条颜色为无；设置环绕方式为四周型。

7. 设置首字下沉

将光标定位到"大坝旅游区"段落中，在"插入"选项卡的"文本"组中单击"首字下沉"下拉按钮，在弹出的下拉列表中选择"首字下沉选项"命令，在打开的对话框中设置"位置"为"下沉"，设置"下沉行数"为 3 行，如图 3-23 所示。

8. 自选图形的操作

（1）在"插入"选项卡的"插图"组中单击"形状"下拉按钮，在弹出的下拉列表中选择"矩形"中的"圆角矩形"。

图 3-22 "设置形状格式"对话框

（2）此时鼠标指针变成"＋"形状，在要插入图片的位置拖动鼠标到合适的位置即可。

图 3-23 设置首字下沉

图 3-24 选择"添加文字"命令

（3）右键单击圆角矩形，在弹出的快捷菜单中选择"设置形状格式"命令，在打开的对话框中切换到"填充"选项卡，选中"纯色填充"单选按钮，设置填充颜色为"黄色"，在"线条颜色"选项卡中选中"实线"单选按钮，设置线条颜色为"红色"，在"线型"选项卡中设置实线"宽度"为"2.25磅"，设置环绕方式为"衬于文字下方"。

（4）在圆角矩形内单击鼠标右键，在弹出的快捷菜单中选择"添加文字"命令，如图3-24所示，打开素材文件"三峡旅游线路.docx"，将其中的文字复制到圆角矩形内。

9. 保存文件

保存文件后退出 Word。

实验 3　表格的使用

实验目的

掌握创建表格的方法。

熟练调整表格，包括修改行高和列宽、插入行或列、删除行或列。

学习选择表格中的行、列、单元格，会合并单元格。

学习美化表格，包括修饰表格的边框和底纹。

实验内容

使用 Word 2010 制作一张"阳光留学个人信息登记表"，效果如图 3-25 所示。

阳光留学个人信息登记表

姓名中文		姓名拼音		出生日期	年　月　日	
出生地				政治面貌		二寸照片
性别	男□ 女□	民族		国内职称		
身份证号	扫描件			有无拒签史	有□　无□	
通讯地址	英文					
邮政编码			收件人姓名			
电话	座机		手机			
电子邮件				健康状况	健康□　一般□	
教育背景						
境外留学的学生填写、提交*号内容　通过语言考试在国内的学生填写、提交"外语考试类型、考试成绩、考试时间"内容						
出国前学历	初中毕业□　高中毕业□　大学毕业□　硕士□　博士□　其他□					
国内毕业院校	毕业证、公证、成绩单、推荐信扫描件			专业		
联系人		电话				
毕业时间	年　月　日		高考英语成绩			
第一外语		第二外语				
综合课成绩	◎合格　◎不合格　扫描件			*外语考试类型		
*由何国何地何学校转来		*出国日期			年　月　日	
*考试成绩	□语　分 听力　分 写作　分 阅读　分 扫描件		*外语考试时间		年　月　日	
*签证种类			*签证有效期	年　月　日至	年　月　日	
*签证号			*续签方式			
*护照号码	护照（留学期间的身份证记录及出入境记录）扫描件		*发照日期		年　月　日	
*种类	因公 □　因私 □　其他□					
*发照机关	省（市）公安厅（局）	*发照地点		由第三国转来		
居留证号		发证日期	年　月　日	居留证有效期限	年　月　日	
*资助单位			*护照期限	年　月　日至	年　月　日	
*留学身份	商访□　青访□　本科生□　研究生□　博士生□　博士后□　研究□　其他□___					
*入学日期	年　月　日	*留学年限	月	*来___日期	年　月　日	
*注册号						
*留学国家		*派出途径	国家公派□　单位公派□　项目交流□　自费□　自己联系□ 中介□（中介机构名称）　政府互换奖学金□　其他□			
*派出单位					省（市）	
*导师姓名及地址，电话						
*留学院校	中文	录取通知书 扫描件				
	外文					
*所在城市						
*专业	中文					
	英文					
备注				填表日期　年　月　日		

图 3-25　实验 3 样文

具体制作要求如下。

（1）创建一个 36 行 7 列的表格。

（2）表格外框线为 1.5 磅实线，内表格线为默认的 0.75 磅实线。

（3）根据需要合并单元格。

（4）贴照片的单元格底纹颜色为"白色，背景 1，深色 15%"，图案样式为 5%。

（5）调整单元格的高度和宽度。

 **实验步骤**

1. 设置页面

在"页面布局"选项卡的"页面设置"组中，设置页边距的上、下边距均为 2 厘米，左、右边距均为 1 厘米；纸张大小为 A4。

2. 创建表格

选择"插入"选项卡，在"表格"组中单击"表格"下拉按钮，在弹出的下拉列表中选择"插入表格"命令，在弹出的对话框中输入行数"36"和列数"7"，如图 3-26 所示，可得到 36×7 的标准表格。

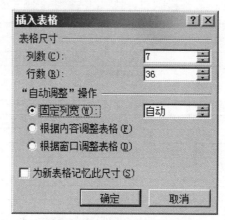

图 3-26　"插入表格"对话框

3. 合并单元格

（1）将鼠标指针移到第 2 行第 2 列单元格内部，按住鼠标左键继续向右拖动，直到第 2 行第 4 列，被选中的两个单元格呈反显状态。

（2）单击鼠标右键，在弹出的快捷菜单中选择"合并单元格"命令，则被选定的两个连续的单元格被合并成一个单元格了。同理，完成表格其他需要合并的单元格。

4. 输入表格内容并设置字体

（1）将光标定位到要输入文字的单元格内，输入相应的文字即可。按照样文完成表格内容的输入操作。

（2）将光标定位到要输入□的位置，选择"插入"菜单下的"符号"，单击"其他符号"按钮，找到该符号，插入。同理，完成表格中其他位置处需要插入的符号。

（3）将表格内的文字设置为宋体、10 磅。

（4）单击表格左上角的图标选中整个表格，单击鼠标右键，在弹出的快捷菜单中选择"单元格对齐方式"命令，如图 3-27 所示，从其级联菜单中选择"水平居中"对齐方式的图标。

（5）选中"二寸照片"单元格，单击鼠标右键，在弹出的快捷菜单中选择"文字方向"命令，在打开的"文字方向"对话框中选择竖向的文字，如图 3-28 所示。

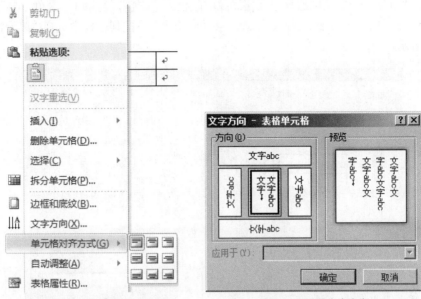

图 3-27　设置单元格对齐方式　　　　图 3-28　设置文字方向

同理，完成表格其他单元格对齐方式和文字方向的设置。

5.　设置表格的边框和底纹

（1）选中整个表格，单击鼠标右键，在弹出的快捷菜单中选择"边框和底纹"命令，打开"边框和底纹"对话框，切换到"边框"选项卡。

（2）在"设置"选项组中选择"方框"选项，"样式"使用默认的实线，在"宽度"下拉列表框中选择"1.5 磅"选项，在"应用于"下拉列表框中选择"表格"选项，单击对话框中预览框中的内部实线，如图 3-29 所示。

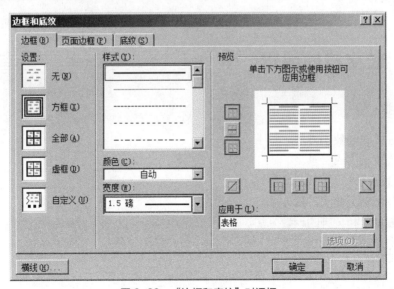

图 3-29　"边框和底纹"对话框

（3）选中"照片"单元格，单击鼠标右键，在弹出的快捷菜单中选择"边框和底纹"命令，打开"边框和底纹"对话框，切换到"底纹"选项卡。

（4）在"填充"选项组中选择单元格底纹的颜色为"白色，背景 1，深色 15%"，在"图案"选项组中设定单元格底纹的样式为 5%，在"应用于"下拉列表框中选择"单元格"选项，如图 3-30 所示。

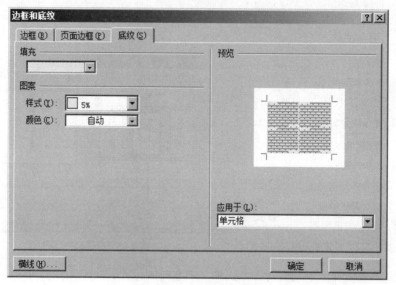

图 3-30　设置单元格底纹

6. 调整单元格的宽度和高度

将鼠标指针放在表格第一列右边列线上，当鼠标指针变成带箭头的双竖线形状时，按住鼠标左键不放，同时列线上出现一条虚线，向左拖放 0.4 厘米左右即可调整单元格宽度。同理，对其他需要调整宽度和高度的单元格进行调整。

7. 保存文件

保存文件后退出 Word。

实验 4　长文档的编辑

实验目的

（1）掌握样式的使用方法。
（2）学会自动生成目录。
（3）学会进行分页和分节。
（4）学会文档页面的设置方法。
（5）掌握页眉和页脚的设置方法。

实验内容

制作毕业设计（论文）。
（1）封面排版如图 3-31 所示。

（2）目录页效果如图 3-32 所示。“目录”二字水平居中，字号为四号，字体为仿宋体。间距设置为段前自动、段后自动，行距为 1.5 倍。目录为三级。

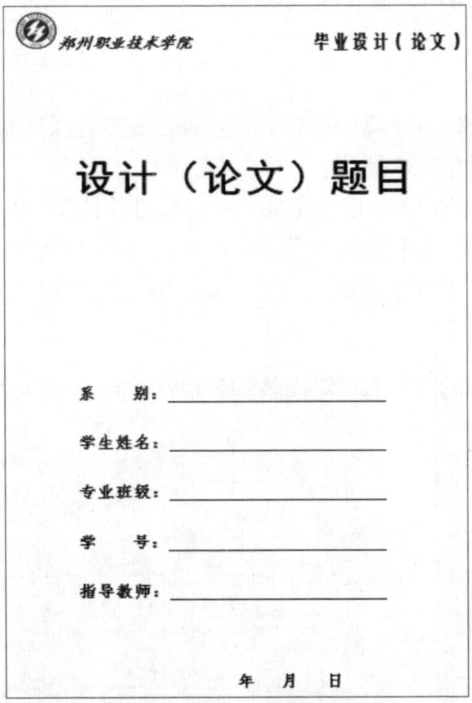

郑州职业技术学院 毕业设计（论文）

设计（论文）题目

系　　别：

学生姓名：

专业班级：

学　　号：

指导教师：

年　月　日

图 3-31　封面样文

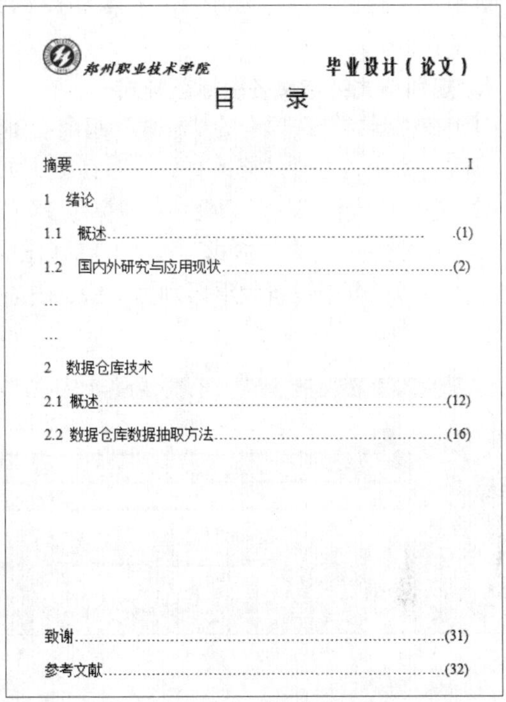

郑州职业技术学院 毕业设计（论文）

目　录

摘要……………………………………I

1　绪论

1.1　概述……………………………………(1)

1.2　国内外研究与应用现状……………………(2)

…

…

2　数据仓库技术

2.1　概述……………………………………(12)

2.2 数据仓库数据抽取方法……………………(16)

致谢……………………………………(31)

参考文献……………………………………(32)

图 3-32　目录样文

（3）正文格式要求如下。

① 页面设置。纸张大小为 A4，页面方向为纵向，页边距上、下、左均为 2.5 厘米，右为 2 厘米。

② 标题 1。字号为四号，字体为黑体，水平居中，段前、段后均为 1 行。行距为 1. 5 倍。

③ 标题 2。字号为小四，字体为黑体，段前、段后均为 6 磅。行距为单倍，首行缩进 2 字符。

④ 标题 3。字号为五号，字体为宋体，段前、段后均为 6 磅，行距为单倍。

⑤ 正文。字号为五号，字体为宋体，段前、段后均为 0 行，行距为单倍，首行缩进 2 字符。

⑥ 页眉页脚。奇偶页页眉不同，奇数页为“郑州职业技术学院毕业设计（论文）”，偶数页为“论文设计题目”，居中；页脚显示页码；页眉和页脚均居中，字号为小五号，字体为宋体。

实验步骤

1．版面规划

（1）在“页面布局”选项卡的“页面设置”组中单击组按钮，打开“页面设置”对话框。

（2）在“页边距”选项卡中，设置上、下、左边距均为 2.5 厘米，右边距为 2 厘米，纸张方向为纵向。

（3）切换至“纸张”选项卡，在“纸张大小”下拉列表框中选择 A4 选项。

（4）切换至“版式”选项卡，设置页眉和页脚距边界均为 1. 5 厘米。

（5）切换至“文档网格”选项卡，在“网格”选项组中选中“指定行和字符网格”单选按钮，并将字符数设为每行 40，行数设为每页 40。

2．为正文设置字体和段落格式

选中全文，设置字号为五号，字体为宋体，段前、段后间距均为 0 行，单倍行距，首行缩进 2 字符。

3．规划样式：定义各级标题样式

（1）在"开始"选项卡的"样式"组中右键单击"标题 1"样式，在弹出的快捷菜单中选择"修改"命令，打开"修改样式"对话框，如图 3-33 所示。

（2）在"修改样式"对话框中将"标题 1"样式的字体设为黑体，字号为四号，水平居中。

（3）单击左下角的"格式"按钮，在弹出的菜单中选择"段落"命令，打开"段落"对话框，在该对话框中设置大纲级别为 1 级，段前、段后间距均为 1 行，1.5 倍行距，如图 3-34 所示。

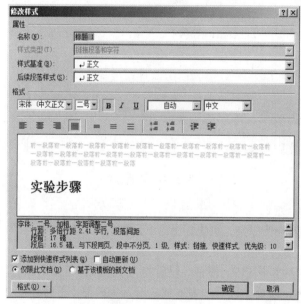

图 3-33　修改样式

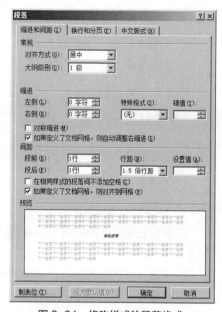

图 3-34　修改样式的段落格式

同理为标题 2 修改样式：字号为小四，字体为黑体，段前、段后间距均为 6 磅，单倍行距，首行缩进 2 字符。为标题 3 修改样式：字号为五号，字体为宋体，段前、段后间距均为 6 磅，单倍行距，首行缩进 2 字符。

4．应用样式

分别选中文本"第一章""第二章""致谢"和"参考文献"，在"开始"选项卡的"样式"组中选择"标题 1"样式。同理将"标题 2"和"标题 3"应用于各个段落。

5．插入文档目录

（1）将光标定位在文档第二页开头，输入文本"目录"，并设置为规定的格式。

（2）按 Enter 键另起一行。切换到"引用"选项卡，在"目录"组中单击"目录"下拉按钮，在弹出的下拉列表中选择"插入目录"命令，打开"目录"对话框。

（3）选中"使用超链接而不使用页码""显示页码"和"页码右对齐"复选框，将显示级别设置为 3，如图 3-35 所示。

（4）单击"选项"按钮，打开"目录选项"对话框，如图 3-36 所示。选中"样式""大纲级别"和"目录项域"复选框，并选择有效样式。若文档中没有插入目录项域，则可不选中该复选框。

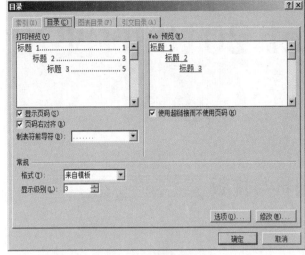
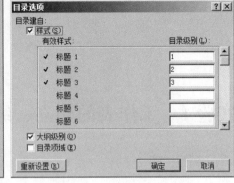

图3-35　"目录"对话框　　　　　图3-36　"目录选项"对话框

（5）单击"确定"按钮返回"目录"对话框，再次单击"确定"按钮。

6. 设置封面

按照要求在第一页录入文本并编辑封面。

7. 设置页眉和页脚

根据格式要求，页眉和页脚从正文页开始，即封面和目录部分不加页眉和页脚。所以从第二页开始将整个文档分成两节。操作方法是：将光标定位在第二页（目录页）后面，在"页面布局"选项卡的"页面设置"组中单击"分隔符"下拉按钮，在弹出的下拉列表中选择"分节符"→"下一页"命令。此时，全文分成两节，从而可以设置不同的页眉和页脚。

（1）将光标移至第三页，在"插入"选项卡的"页眉和页脚"组中单击"页眉"下拉按钮，在弹出的下拉列表中选择"空白"选项，插入空白页眉，同时页眉和页脚处于编辑状态，功能区显示"页眉和页脚工具"上下文选项卡。在"设计"选项卡的"选项"组中选中"奇偶页不同"复选框。因为本节页眉与上一节不同，所以要保证"设计"选项卡的"导航"组中的"链接到前一条页眉"按钮未被按下。

（2）设置第2节的奇数页页眉为"郑州职业技术学院　毕业设计（论文）"，字号为小五，字体为宋体。

（3）在"设计"选项卡的"导航"组中单击"转至页脚"按钮，开始编辑页脚。在"设计"选项卡的"页眉和页脚"组中单击"页码"下拉按钮，在弹出的下拉列表中选择"页面底端"→"普通数字1"选项，在页面底端插入普通数字1构成的页码，字号为小五，字体为宋体，居中对齐。同样地，单击"页码"下拉按钮，在弹出的下拉列表中选择"设置页码格式"命令，可以在打开的对话框中选择页码的样式和起始页码的值。

8. 保存文档

保存文档，将文件命名为"毕业设计论文.docx"。

PART 4　　　第 4 部分
Excel 2010 的使用

实验 1　工作表的建立、编辑与排版

实验目的

（1）掌握 Excel 工作簿文件的创建与保存操作。
（2）掌握 Excel 工作表的数据录入与编辑操作。
（3）掌握 Excel 工作表的格式排版操作。
（4）掌握 Excel 工作表的页面设置操作。

实验内容

使用 Excel 2010 制作公司员工领用办公用品登记表，效果如图 4-1 所示。数据录入完成后对其进行美化，效果如图 4-2 所示。

	A	B	C	D	E	F	G	H	I
1	2010年9月公司员工领用办公用品登记表								
2	编号	领用日期	部门	领用物品	数量	单价	价值	领用原因	领用人
3	001	2010/9/1	市场部	工作服	5	130	650	新进员工	李宏
4	002	2010/9/5	行政部	资料册	5	10	50	工作需要	黄贺阳
5	003	2010/9/10	人资部	打印纸	4	15	60	工作需要	张岩
6	004	2010/9/14	市场部	打孔机	3	30	90	工作需要	赵惠
7	005	2010/9/15	策划部	签字笔	20	2	40	工作需要	贺萧萧
8	006	2010/9/16	企划部	回形针	20	0.5	10	工作需要	董小莉
9	007	2010/9/18	市场部	文件袋	6	3	18	工作需要	李培
10	008	2010/9/18	账务部	账簿	2	10	20	工作需要	吴佳
11	009	2010/9/20	办公室	订书机	1	25	25	工作需要	邵军
12	010	2010/9/20	运营部	打印纸	3	15	45	工作需要	贾珂
13	011	2010/9/21	人资部	传真纸	1	16	16	工作需要	张岩
14	012	2010/9/22	行政部	电脑桌	2	900	1800	更新	黄贺阳
15	013	2010/9/23	办公室	工作服	5	130	650	新进员工	邵军
16	014	2010/9/30	服务部	文件袋	10	3	30	工作需要	曾勤
17	015	2010/9/30	办公室	签字笔	20	2	40	工作需要	邵军

图 4-1　数据录入的结果

排版操作要求如下。

（1）录入报表数据后，重命名工作表标签为"2010 年 9 月登记表"。

（2）报表格式的设置与编排。

① 报表标题。A1:I1 单元格区域，设置合并后居中，字体为黑体，字号为 18，加粗，行高为 40。

② 报表区域。A2:I17 单元格区域，套用表格格式为中等深浅 4，加外粗里细边框。

③ 报表表头行。A2:I2 单元格区域，设置字体为华文行楷，字号为 16。

④ 报表数据区域。A3:I17 单元格区域，设置字体为楷体，字号为 12。

（3）页面设置。

① 在页眉中添加公司名和保管员名，在页脚添加页数与总页数。

② 设置页边距的上、下、左、右均为 2 厘米，水平居中。

③ 将报表标题与表头行设置为打印标题的顶端标题行。

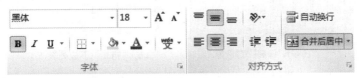

编号	领用日期	部门	领用物品	数量	单价	价值	领用原因	领用人
001	2010/9/1	市场部	工作服	5	130	650	新进员工	李宏
002	2010/9/5	行政部	资料册	5	10	50	工作需要	黄贺阳
003	2010/9/10	人资部	打印纸	4	15	60	工作需要	张岩
004	2010/9/14	市场部	打孔机	3	30	90	工作需要	赵惠
005	2010/9/15	策划部	签字笔	20	2	40	工作需要	贺萧萧
006	2010/9/16	企划部	回形针	20	0.5	10	工作需要	董小莉
007	2010/9/18	市场部	文件袋	6	3	18	工作需要	李培
008	2010/9/18	账务部	账簿	2	10	20	工作需要	吴佳
009	2010/9/20	办公室	订书机	1	25	25	工作需要	邵军
010	2010/9/20	运营部	打印纸	3	15	45	工作需要	贾河
011	2010/9/21	人资部	传真纸	1	16	16	工作需要	张岩
012	2010/9/22	行政部	电脑桌	2	900	1800	更新	黄贺阳
013	2010/9/23	办公室	工作服	5	130	650	新进员工	邵军
014	2010/9/30	服务部	文件袋	10	3	30	工作需要	曾勤
015	2010/9/30	办公室	签字笔	20	2	40	工作需要	邵军

宏达公司　　　　　　　　　　　　　　　　保管员：张红

图 4-2　排版后的结果

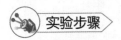 实验步骤

1. 数据录入

参照样文录入数据，注意特殊数据的输入方法。

（1）"编号"列数据属于数字串，其输入方法可以采用先输入英文单引号"'"为前导符，再输入数据 001 的方式，然后向下拖动第一个单元格的填充柄到适当位置，完成其他单元数据的输入。

（2）"领用日期"列数据中有连续相同的日期，可先输入 1 个日期，再向下拖动该单元格的填充柄到适当位置，然后单击"自动填充选项"下拉按钮，在弹出的下拉列表中选中"复制单元格"单选按钮即可。

（3）"部门""领用物品"和"领用原因"3 列数据中有不连续的相同数据，可先选中各单元格，然后输入数据，最后按 Ctrl + Enter 组合键完成输入。

2. 修改工作表标签

双击工作表标签，输入"2010 年 9 月登记表"即可。

3. 设置报表格式

（1）设置报表标题

选中 Al:Il 单元格区域，在"开始"选项卡的"对齐方式"组中单击"合并后居中"按钮，在"字体"组中设置字体为黑体，字号为 18，加粗，如图 4-3 所示。

图 4-3　"字体"组与"对齐方式"组

（2）报表套用表格格式

选中报表的某个单元格，然后在"开始"选项卡的"样式"组中单击"套用表格格式"下拉按钮，在弹出的下拉列表中选择"表样式中等深浅4"选项，如图4-4所示。

（3）报表字体格式

表头行数据设置为华文行楷，16号字，数据区域数据设置为楷体，12号字，如图4-5所示。

4. 设置行高和列宽

选中报表标题，在"开始"选项卡的"单元格"组中单击"格式"下拉按钮，在弹出的下拉列表中选择"行高"命令，打开"行高"对话框，将行高设为40，如图4-6（a）所示。选中报表

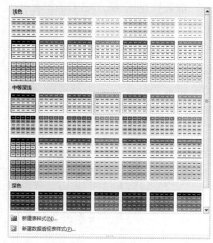

图4-4　套用表格格式

区域，取消选中"对齐方式"组中的"自动换行"按钮，然后单击选择"单元格"组中的"格式"按钮，选择图4-6（b）所示的"自动调整行高"和"自动调整列宽"命令。

（a）表头行数据　　　　　　（b）数据区域数据

图4-5　字体设置

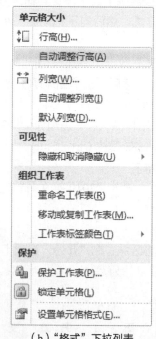

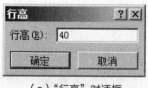

（a）"行高"对话框　　　　　（b）"格式"下拉列表

图4-6　行高与列宽设置

5. 报表数据区域加边框

选中需要加边框的单元格区域并单击鼠标右键，在弹出的快捷菜单中选择"设置单元格格式"命令，打开"设置单元格格式"对话框，切换到"边框"选项卡，如图 4-7 所示。选择较粗的直线线条，单击"外边框"图标，再选择较细的直线线条，单击"内部"图标，即可完成外粗里细的边框设置。

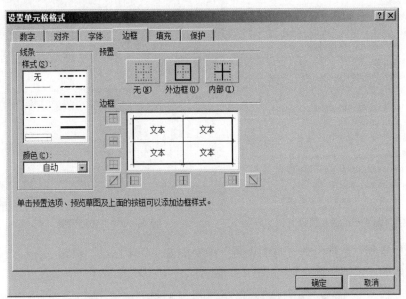

图 4-7　"边框"选项卡

6. 插入页眉和页脚

切换到"插入"选项卡，在"文本"组中单击"页眉和页脚"按钮，功能区中将出现"页眉和页脚工具"上下文选项卡，并进入页面布局视图。

在页眉左侧输入框中输入文本"宏达公司"，在页眉右侧输入框中输入文本"保管员：张红"，如图 4-8 所示。

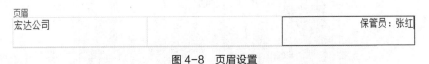

图 4-8　页眉设置

在"设计"选项卡的"导航"组中单击"转至页脚"按钮，转到页脚的编辑，然后在"页眉和页脚"组中单击"页脚"下拉按钮，在弹出的下拉菜单中选择"第 1 页，共 ? 页"选项，如图 4-9 所示。

最后，在"视图"选项卡的"工作簿视图"组中单击"普通"按钮，则从页面布局视图切换到普通视图。

7. 页面设置

在"页面布局"选项卡的"页面设置"组中单击"页边距"下拉按钮，在其下拉列表中选择"自定义边距"命令，然后在打开的对话框中设置参数，如图 4-10 所示。

图 4-9　插入页脚

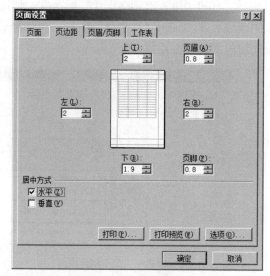

图 4-10　页边距设置

在"页面布局"选项卡的"页面设置"组中单击"打印标题"按钮，在打开的对话框中设置打印标题的"顶端标题行"，如图 4-11 所示。

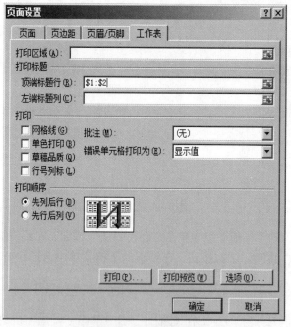

图 4-11　设置打印标题

8. 保存工作表

单击快速访问工具栏中的"保存"按钮，在打开的"另存为"对话框中输入文件名"办公用品登记表"后，单击"保存"按钮即可。

实验 2　公式与函数的使用

实验目的

（1）掌握 Excel 公式的使用方法及相关操作。

（2）掌握 Excel 函数的使用方法及相关操作。

实验内容

本次实验的内容是对某公司的员工培训成绩进行统计计算，其原始数据如图 4-12 所示。

	A	B	C	D	E	F	G	H	I	J	K	L
1	2011年某公司新员工培训成绩表											
2	员工信息		理论成绩			操作成绩				总评成绩		
3	编号	姓名	公司制度	市场营销	商务英语	社交礼仪	英语口语	微机操作	模拟训练	平均分	名次	等级
4	001	王博	87	84	81	70	96	92	88			
5	002	庞洋	83	90	91	91	72	89	74			
6	003	陈守宁	85	89	79	90	94	76	82			
7	004	宋洁	90	79	83	81	70	83	77			
8	005	闫品	85	74	74	83	84	82	76			
9	006	潘小龙	92	85	94	75	89	92	83			
10	007	李少团	81	76	90	90	91	72	71			
11	008	封英	93	94	90	96	81	74	76			
12	009	刘洋	91	95	95	81	85	91	94			
13	010	吴长龙	82	92	73	70	75	88	73			
14	011	闫晓	92	81	93	95	77	96	77			
15	012	马春雷	74	88	81	77	96	91	84			
16	013	杨晓芳	97	78	76	84	89	81	80			
17	014	薛晓军	86	93	90	95	92	93	83			
18	015	江蛟	83	90	82	71	89	92	75			

图 4-12　原始数据

对该成绩表进行如下操作。

（1）计算所有员工的平均分。其中，平均分的计算方法是理论成绩占 40%，操作成绩占 60%，成绩保留 1 位小数。

（2）统计所有员工平均分的成绩名次。

（3）计算所有员工平均分的成绩等级。等级评定的方法是：平均分大于或等于 90 为 A 等，平均分在 80 与 90 之间为 B 等，平均分小于 80 为 C 等。

（4）统计计算各科成绩的优秀率（90 分以上），百分比格式，保留 1 位小数。

（5）对成绩表进行格式化，效果如图 4-13 所示，具体要求如下。

	A	B	C	D	E	F	G	H	I	J	K	L
1	2011年某公司新员工培训成绩表											
2	员工信息		理论成绩			操作成绩				总评成绩		
3	编号	姓名	公司制度	市场营销	商务英语	社交礼仪	英语口语	微机操作	模拟训练	平均分	名次	等级
4	001	王博	87	84	81	70	96	92	88	85.6	6	B
5	002	庞洋	83	90	91	91	72	89	74	84.3	9	B
6	003	陈守宁	85	89	79	90	94	76	82	85.0	7	B
7	004	宋洁	90	79	83	81	70	83	77	80.3	13	B
8	005	闫品	85	74	74	83	84	82	76	79.9	14	C
9	006	潘小龙	92	85	94	75	89	92	83	87.0	4	B
10	007	李少团	81	76	90	90	91	72	71	81.4	12	B
11	008	封英	93	94	90	96	81	74	76	86.0	5	B
12	009	刘洋	91	95	95	81	85	91	94	90.4	1	A
13	010	吴长龙	82	92	73	70	75	88	73	78.7	15	C
14	011	闫晓	92	81	93	95	77	96	77	87.3	3	B
15	012	马春雷	74	88	81	77	96	91	84	84.6	8	B
16	013	杨晓芳	97	78	76	84	89	81	80	83.5	10	B
17	014	薛晓军	86	93	90	95	92	93	83	90.2	2	A
18	015	江蛟	83	90	82	71	89	92	75	82.9	11	B
19	各科成绩优秀率		40.0%	33.3%	40.0%	33.3%	33.3%	46.7%	6.7%			

图 4-13　成绩计算结果

① 将 Al:Ll 区域的报表标题设置为合并居中，隶书，22 号。

② 将 A2:L3 区域中的表头设置为华文楷体，14 号，居中，合适的列宽。

③ 将 A4:L19 区域中的数据设置为华文中宋，12 号，居中（姓名左对齐）。

④ 在 A2:L19 区域中添加图 4-13 所示的边框。

实验步骤

1. 计算所有员工总评成绩中的平均分

（1）先计算第 1 名员工的平均分。单击 J4 单元格，切换到"公式"选项卡，在"函数库"组中单击"自动求和"下拉按钮，在弹出的下拉列表中选择"平均值"选项，如图 4-14 所示，然后选择 C4:E4 单元格区域，编辑栏中出现公式"=AVERAGE（C4:E4）"。

图 4-14　输入平均值函数　　　　　　　　　图 4-15　补充公式内容

（2）继续在编辑栏中输入公式内容"*0.4＋"，如图 4-15 所示。然后单击左侧函数栏的下三角按钮，在弹出的下拉列表中选择 AVERAGE 选项插入第 2 个平均值函数，并选择 F4:I4 单元格区域，完成部分计算"=AVERAGE（C4:E4）*0.4＋AVERAGE（F4:I4）"。

（3）在编辑栏中继续输入公式内容"*0.6"，按 Enter 键，从而完成整个公式的输入。

第 1 名员工"平均分"的计算公式为"=AVERAGE（C4:E4）*0.4＋AVERAGE（F4:I4）*0.6"。其他员工"平均分"的计算采用向下拖动 J4 单元格右下角的填充柄到 J18 单元格的方法来完成。

最后，选中 J4:J18 单元格区域并设置数值格式，如图 4-16 所示。

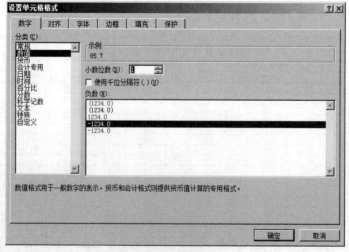

图 4-16　设置数值格式

2. 统计所有员工的总评成绩名次

同上，先计算第 1 名员工的名次，其操作方法如下。

（1）单击编辑栏左侧的"插入函数"按钮，如图 4-17 所示。

（2）在打开的图 4-18 所示的"插入函数"对话框中选择"全部"列表中的 RANK 函数，单击"确定"按钮。

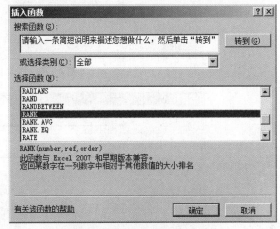

图 4-17 插入函数   图 4-18 "插入函数"对话框

（3）在打开的 RANK"函数参数"对话框中依次输入参数，如图 4-19 所示。注意 Ref 参数中的"$"无法通过区域选择直接产生，因此需要从键盘输入。单击"确定"按钮完成计算。

3. 计算所有员工平均分的成绩等级

计算所有员工平均分的成绩等级的计算公式为"=IF（J4 >=90，"A"，IF（J4 >=80，"B"，"C"））"，输入方法如下。

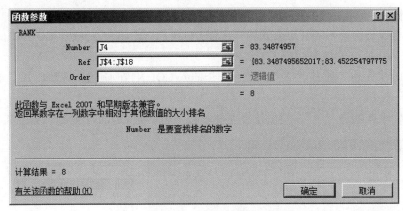

图 4-19 RANK"函数参数"对话框

选中 L4 单元格，单击图 4-17 所示的"插入函数"按钮，在打开的"插入函数"对话框中选择"常用函数"列表中的 IF 函数，单击"确定"按钮。在打开的对话框中依次输入参数 Logical_test 和 Value_if_true，如图 4-20 所示。然后将光标定位于 Value_if_false 文本框中，单击编辑栏左侧函数栏的下三角按钮，在弹出的下拉列表中选择 IF 函数，则在原有 IF 函数中插入了 1 个嵌套的 IF 函数，依次输入各参数，如图 4-21 所示。

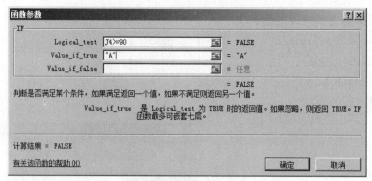

图 4-20 插入 IF 函数

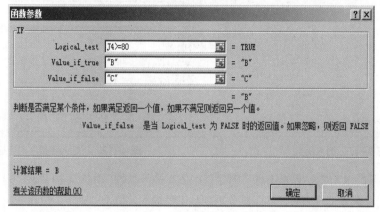

图 4-21 插入嵌套的 IF 函数

单击"确定"按钮完成计算，然后，向下拖动 L4 单元格右下角的填充柄到 L18 单元格完成其他员工的等级计算。

4．统计计算各科成绩的优秀率

计算各科成绩优秀率的计算公式为"=COUNTIF（C4:C18，" > 90"）/COUNT（C4:C18）"，输入方法如下。

选中 C19 单元格，通过"插入函数"操作插入 COUNTIF 函数，各参数如图 4-22 所示，单击"确定"按钮。

在编辑栏输入除号"／"，然后选择左侧函数列表中的 COUNT 函数，如图 4-23 所示。

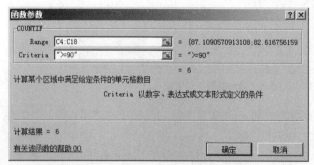

图 4-22 COUNTIF"函数参数"对话框

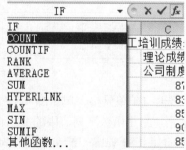

图 4-23 插入 COUNT 函数

在弹出的 COUNT"函数参数"对话框中输入 Valuel 参数，如图 4-24 所示，单击"确定"按钮完成计算。

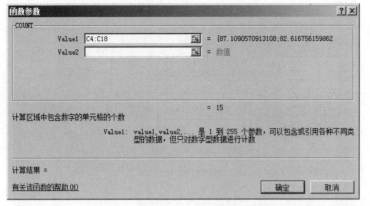

图 4-24　COUNT"函数参数"对话框

向右拖动 C19 单元格右下角的填充柄到 I19 单元格，完成其他科目的优秀率计算，然后选中 C19:I19 单元格区域并设置百分比格式，如图 4-25 所示。

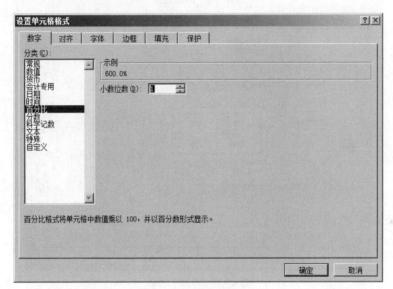

图 4-25　设置百分比格式

5．对成绩表进行修饰排版操作

对工作表中的数据设置合并居中、字体、字号、列宽、对齐方式的操作可参考实验 1 相关的操作指导来完成。

为数据报表添加边框的操作方法是：先选中需添加边框的单元格区域 A2:L19，单击鼠标右键，在弹出的快捷菜单中选择"设置单元格格式"命令，在打开的对话框中切换到"边框"选项卡，再选择"线条"为"最粗直线"，单击"外边框"图标，选择"线条"为"细直线"，单击"内部"图标，如图 4-26 所示，从而添加了整体外粗内细的边框。

然后通过修改局部的边框线来实现报表内部部分框线的变化，其操作方法如下。

选中 A2:L3 单元格区域并单击鼠标右键，在弹出的快捷菜单中选择"设置单元格格式"命令，在打开的对话框的"边框"选项卡中选择"线条"为"较粗的直线"，单独修改下边框，如图 4-27 所示；同样，选中 C2:E19 单元格区域并修改左、右边框，如图 4-28 所示；再选中 J2:L19 单元格区域，修改左边框，即可完成添加边框的操作，如图 4-29 所示。

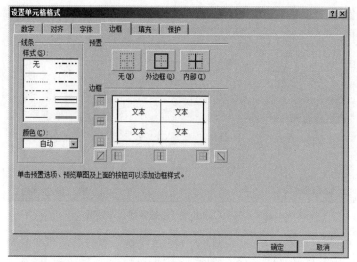

图 4-26　添加边框

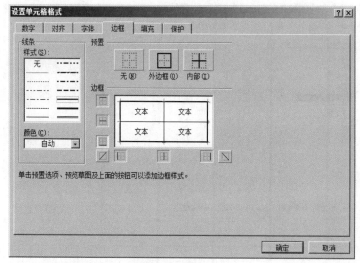

图 4-27　修改下边框

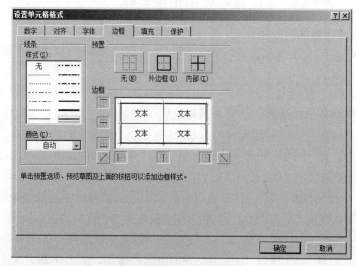

图 4-28　修改左、右边框

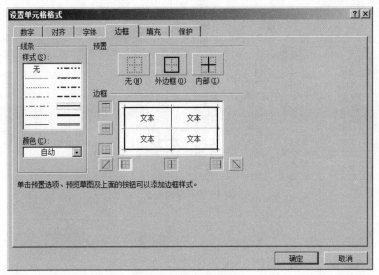

图 4-29　修改左边框

实验3　数据分析操作

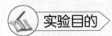 实验目的

（1）掌握 Excel 2010 的排序操作。

（2）掌握 Excel 2010 的自动筛选操作。

（3）掌握 Excel 2010 的分类汇总操作。

（4）掌握 Excel 2010 的合并计算操作。

实验内容

针对图 4-30 所示的某商场冰箱销售部 2015 年 5 月份的销售记录进行统计分析。

数据分析操作要求如下。

（1）通过"合并计算"操作将 4 周的销售数据报表合并成 5 月份的销售记录汇总表并放在"5 月汇总"工作表中。

（2）在 5 月汇总数据基础上，按"商品品牌"对"销售数量"与"销售额"进行求和汇总。

（3）通过"合并计算"操作汇总每个销售人员的销售业绩，即按照"姓名"对"销售数量"与"销售额"进行求和计算，其结果放在"5 月统计分析"工作表中。

（4）在操作（3）的基础上，通过"排序"操作将"销售数量"作为主要关键字与"销售额"作为次要关键字对数据进行降序排序。

（5）通过"合并计算"操作汇总每个商品的销售数据，即按照"产品型号"对"销售数量"与"销售额"进行求和计算，其结果放在"5 月统计分析"工作表中。

（6）在操作（5）的基础上，通过"自动筛选"操作筛选出"销售数量"在 100 台及以上的产品。

	A	B	C	D	E	F	G
1	2015年第18周某商场冰箱销售部销售业绩统计表						
2	销售记录编号	姓名	商品品牌	产品型号	产品单价	销售数量	销售额
3	XS1801	胡佳霖	海尔	海尔BCD-539WT	3999	23	91977
4	XS1802	胡佳霖	海尔	海尔BCD-216ST	2499	35	87465
5	XS1803	庞洋	海尔	海尔BCD-186KB	1699	23	39077
6	XS1804	庞洋	海尔	海尔BCD-215KJZF	2899	32	92768
7	XS1805	杨晓芳	容声	容声BCD-212YMB/X	2990	33	98670
8	XS1806	杨晓芳	容声	容声BCD-189BS-CX61	2282	21	47922
9	XS1807	吴长龙	美菱	美菱BCD-221CHA	2499	23	57477
10	XS1808	吴长龙	美菱	美菱BCD-206ZM3B	1399	21	29379
11	XS1809	薛晓东	海信	海信BCD-213TDA/AX1	2499	32	79968
12	XS1810	薛晓东	海信	海信BCD-183FH	1389	28	38892
13	XS1811	宋洁	美的	美的BCD-210TSM	2249	21	47229
14	XS1812	宋洁	美的	美的BCD-555WHM	3999	21	83979

图4-30　原始数据

 实验步骤

1. 合并生成5月份的销售记录汇总表

在"第18周""第19周""第20周"和"第21周"4个工作表中各有一个销售记录报表，将它们合并成"5月汇总"的操作方法如下。

（1）合并计算

首先在"5月汇总"工作表的A1单元格中输入汇总报表的标题"2011年5月某商场冰箱销售部销售汇总表"。然后，选中"5月汇总"工作表的A2单元格，在"数据"选项卡的"数据工具"组中单击"合并计算"按钮，打开"合并计算"对话框，通过引用位置操作依次添加4个区域到"所有引用位置"列表框中，并选中"首行"和"最左列"复选框，如图4-31所示。

图4-31　5月汇总的合并计算

单击"确定"按钮后，产生图4-32所示的结果。

	A	B	C	D	E	F	G
1	2015年5月某商场冰箱销售部销售汇总表						
2	销售记录编号	姓名	商品品牌	产品型号	产品单价	销售数量	销售额
3	XS1801				3999	23	91977
4	XS1802				2499	35	87465
5	XS1803				1699	23	39077
6	XS1804				2899	32	92768
7	XS1805				2990	33	98670
8	XS1806				2282	21	47922
9	XS1807				2499	23	57477
10	XS1808				1399	21	29379
11	XS1809				2499	32	79968
12	XS1810				1389	28	38892
13	XS1811				2249	21	47229
14	XS1812				3999	21	83979
15	XS1902				2499	45	112455
16	XS1903				1699	27	45873

图4-32　5月汇总的合并计算结果

（2）复制文本数据

由于"合并计算"操作对文本型的数据自动忽略，因此可以通过复制操作将所需数据从4个工作表中复制过来，结果如图4-33所示。

	A	B	C	D	E	F	G
1	2015年5月某商场冰箱销售部销售汇总表						
2	销售记录编号	姓名	商品品牌	产品型号	产品单价	销售数量	销售额
3	XS1801	胡佳霖	海尔	海尔BCD-539WT	3999	23	91977
4	XS1802	胡佳霖	海尔	海尔BCD-216ST	2499	35	87465
5	XS1803	庞洋	海尔	海尔BCD-186KB	1699	23	39077
6	XS1804	庞洋	海尔	海尔BCD-215KJZF	2899	32	92768
7	XS1805	杨晓芳	容声	容声BCD-212YMB/X	2990	33	98670
8	XS1806	杨晓芳	容声	容声BCD-189BS-CX61	2282	21	47922
9	XS1807	吴长龙	美菱	美菱BCD-221CHA	2499	23	57477
10	XS1808	吴长龙	美菱	美菱BCD-206ZM3B	1399	21	29379
11	XS1809	薛晓东	海信	海信BCD-213TDA/AX1	2499	32	79968
12	XS1810	薛晓东	海信	海信BCD-183FH	1389	28	38892
13	XS1811	宋洁	美的	美的BCD-210TSM	2249	21	47229
14	XS1812	宋洁	美的	美的BCD-555WHM	3999	21	83979
15	XS1901	胡佳霖	海尔	海尔BCD-539WT	3999	30	119970
16	XS1902	胡佳霖	海尔	海尔BCD-216ST	2499	45	112455
17	XS1903	庞洋	海尔	海尔BCD-186KB	1699	27	45873

图 4-33　复制后的结果

2. 按"商品品牌"对"销售数量"与"销售额"进行求和汇总

（1）按"商品品牌"排序

先选中报表标题行中的"商品品牌"，即 C2 单元格，然后在"数据"选项卡的"排序和筛选"组中单击"升序"按钮即可。

（2）分类汇总

在"数据"选项卡的"分级显示"组中单击"分类汇总"按钮，打开"分类汇总"对话框，选择"分类字段"为"商品品牌"，"汇总方式"为"求和"，"选定汇总项"为"销售数量"和"销售额"，如图4-34 所示。

单击"确定"按钮后，产生汇总结果。再选中工作表中的所有数据，单击"分级显示"组中的隐藏明细数据"按钮，即可得到图 4-35 所示的结果。

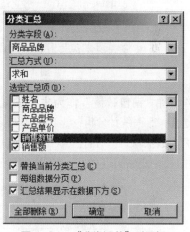

图 4-34　"分类汇总"对话框

1 2 3		A	B	C	D	E	F	G
	2	销售记录编号	姓名	商品品牌	产品型号	产品单价	销售数量	销售额
+	19			海尔 汇总			471	1299129
+	28			海信 汇总			240	475440
+	37			美的 汇总			168	524832
+	46			美菱 汇总			176	347424
+	55			容声 汇总			216	586368
-	56			总计			1271	3233193

图 4-35　分类汇总的结果

3. 汇总每个销售人员的销售业绩

汇总每个销售人员的销售业绩，即按照"姓名"对"销售数量"与"销售额"进行求和计算。其操作方法如下。

选中"5 月统计分析"工作表的 A2 单元格，在"数据"选项卡的"数据工具"组中单击"合并计算"按钮，打开"合并计算"对话框，将"5 月汇总"工作表中的 B2:G50 区域添加到"所有引用位置"列表框中，并选中"首行"和"最左列"复选框，如图4-36 所示。

图 4-36　按"姓名"进行合并计算

单击"确定"按钮后，再添加"姓名"标题，即可完成图 4-37 所示的结果。

	A	B	C	D	E	F
1	2015年5月某商场冰箱销售部销售汇总表					
2	姓名	商品品牌	产品型号	产品单价	销售数量	销售额
3	胡佳霖			25992	249	770751
4	庞洋			18392	222	528378
5	薛晓东			15552	240	475440
6	宋洁			24992	168	524832
7	吴长龙			15592	176	347424
8	杨晓芳			21088	216	586368

图 4-37　按"姓名"进行合并计算的结果

4. 将"销售数量"作为主要关键字与"销售额"作为次要关键字对数据进行降序排序

选中"5 月统计分析"工作表中的某个单元格，在"数据"选项卡的"排序和筛选"组中单击"排序"按钮，打开"排序"对话框。设置"主要关键字"为"销售数量"，"次序"为"降序"，然后单击"添加条件"按钮，设置次要关键字为"销售额"，"次序"为"降序"，如图 4-38 所示。

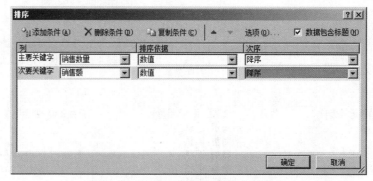

图 4-38　设置主要关键字与次要关键字

单击"确定"按钮后完成图 4-39 所示的结果。

	A	B	C	D	E	F
1	2015年5月某商场冰箱销售部销售汇总表					
2	姓名	商品品牌	产品型号	产品单价	销售数量	销售额
3	胡佳霖			25992	249	770751
4	薛晓东			15552	240	475440
5	庞洋			18392	222	528378
6	杨晓芳			21088	216	586368
7	吴长龙			15592	176	347424
8	宋洁			24992	168	524832

图 4-39　排序结果

5. 汇总每个商品的销售数据

汇总每个商品的销售数据，即按照"产品型号"对"销售数量"与"销售额"进行求和计算，其操作方法如下。

选中"5 月统计分析"工作表的 A12 单元格，在"数据"选项卡的"数据工具"组中单击"合并计算"按钮，打开"合并计算"对话框，将"5 月汇总"工作表中的 D2:G50 区域添加到"所有引用位置"列表框中，并选中"首行"和"最左列"复选框，如图 4-40 所示。

单击"确定"按钮后添加"产品型号"标题，得到图 4-41 所示的结果。

图 4-40　按照"产品型号"合并计算

	A	B	C	D
53	产品型号	产品单价	销售数量	销售额
54	海尔BCD-186KB	6796	96	163104
55	海尔BCD-215KJZF	11596	126	365274
56	海尔BCD-216ST	9996	150	374850
57	海尔BCD-539WT	15996	99	395901
58	海信BCD-183FH	5556	112	155568
59	海信BCD-213TDA/AX1	9996	128	319872
60	美的BCD-210TSM	8996	84	188916
61	美的BCD-555WHM	15996	84	335916
62	美菱BCD-206ZM3B	5556	84	117516
63	美菱BCD-221CHA	9996	92	229908
64	容声BCD-189BS-CX61	9128	84	191688
65	容声BCD-212YMB/X	11960	132	394680

图 4-41　按照"产品型号"合并计算的结果

6. 筛选出"销售数量"在 100 台及以上的产品

选中 A12 单元格，在"数据"选项卡的"排序和筛选"组中单击"筛选"按钮，然后单击"销售数量"列标题名后的下三角按钮，在其下拉菜单中选择"数字筛选"→"大于或等于"命令，打开"自定义自动筛选方式"对话框，如图 4-42 所示。

在文本框中输入"100"并单击"确定"按钮，即可得到图 4-43 所示的结果。

图 4-42　"自定义自动筛选方式"对话框

53	产品型号	产品单价	销售数量	销售额
55	海尔BCD-215KJZF	11596	126	365274
56	海尔BCD-216ST	9996	150	374850
58	海信BCD-183FH	5556	112	155568
59	海信BCD-213TDA/AX1	9996	128	319872
65	容声BCD-212YMB/X	11960	132	394680

图 4-43　自动筛选结果

实验 4　图表与数据透视表的使用

实验目的

（1）掌握 Excel 2010 的图表操作。
（2）掌握 Excel 2010 数据透视表的使用。
（3）掌握 Excel 2010 数据透视图的使用。

 **实验内容**

利用 Excel 2010 的图表、数据透视表及数据透视图，对图 4-44 所示的某电子工业有限公司 2015 年第 19 周产品质量分析报表进行数据分析。

	A	B	C	D	E	F	G	H
1	某电子工业有限公司2015年第19周产品质量分析报表							
2	生产日期	产品名称	生产单位	生产数量	合格产品数量	不合格数量	不合格率	等级
3	2015年5月5日	直滑式电位器	一车间第一生产线	124	118	6	4.8%	C
4	2015年5月5日	旋转电位器	一车间第二生产线	112	109	3	2.7%	C
5	2015年5月5日	直滑式电位器	二车间第一生产线	121	117	4	3.3%	B
6	2015年5月5日	可调电阻	二车间第二生产线	123	121	2	1.6%	A
7	2015年5月6日	编码器	一车间第一生产线	98	95	3	3.1%	B
8	2015年5月6日	轻触开关	一车间第二生产线	115	110	5	4.3%	C
9	2015年5月6日	直滑式电位器	二车间第一生产线	104	100	4	3.8%	B
10	2015年5月6日	可调电阻	二车间第二生产线	122	116	6	4.9%	C
11	2015年5月7日	可调电阻	一车间第一生产线	118	115	3	2.5%	B
12	2015年5月7日	轻触开关	一车间第二生产线	102	97	5	4.9%	C
13	2015年5月7日	编码器	二车间第一生产线	116	114	2	1.7%	A
14	2015年5月7日	旋转电位器	二车间第二生产线	112	108	4	3.6%	B
15	2015年5月8日	直滑式电位器	一车间第一生产线	117	113	4	3.4%	B
16	2015年5月8日	旋转电位器	一车间第二生产线	125	122	3	2.4%	B
17	2015年5月8日	直滑式电位器	二车间第一生产线	108	103	5	4.6%	C
18	2015年5月8日	旋转电位器	二车间第二生产线	109	107	2	1.8%	A
19	2015年5月9日	可调电阻	一车间第一生产线	127	124	3	2.4%	B
20	2015年5月9日	轻触开关	一车间第二生产线	99	97	2	2.0%	A
21	2015年5月9日	编码器	二车间第一生产线	118	116	2	1.7%	A
22	2015年5月9日	旋转电位器	二车间第二生产线	114	112	2	1.8%	A

图 4-44　产品质量报表原始数据

操作要求如下。

（1）使用柱形图对比 5 月 5 日各生产线产品不合格率情况。

（2）使用饼图对比 5 月 9 日各生产线产品不合格率所占比例情况。

（3）使用数据透视表按生产日期汇总各生产线的合格产品总数。

（4）使用数据透视图（折线图）体现一车间产品不合格率的变化趋势。

（5）使用数据透视图（堆积圆柱图）对比 19 周各类产品的合格产品总数。

实验步骤

1. 制作柱形图对比 5 月 5 日各生产线产品不合格率情况

（1）选择生成图表的数据区域

因为要对比 5 月 5 日各生产线产品不合格率情况，所以先选中单元格区域 C2:C6，再按 Ctrl 键选中单元格区域 G2:G6。

（2）插入柱形图

在"插入"选项卡的"图表"组中单击"柱形图"下拉按钮，在其下拉列表中选择"二维柱形图"栏中的"簇状柱形图"选项，则在当前工作表中生成一个簇状柱形图。

（3）插入并修改标题

① 切换到"图表工具"上下文选项卡的"布局"选项卡，在"标签"组中单击"坐标轴标题"下拉按钮，在弹出的下拉列表中选择"主要横坐标轴标题"→"坐标轴下方标题"选项插入横坐标轴标题。

② 再次单击"标签"组中的"坐标轴标题"下拉按钮，在弹出的下拉列表中选择"主要纵坐标轴标题"→"竖排标题"选项插入纵坐标轴标题。

③ 修改图表标题为"5 月 5 日各生产线不合格率情况"，横坐标轴标题为"生产单位"，纵坐标轴标题为"不合格率"。

④ 拖动图表边框，将其放大到适当大小，最终效果如图 4-45 所示。

2. 制作饼图对比 5 月 9 日各生产线产品不合格率所占的比例

（1）选择生成图表的数据区域

因为要对 5 月 9 日各生产线产品不合格率所占的比例，所以先选中单元格区域 C19:C22，再按 Ctrl 键选中单元格区域 G19:G22。

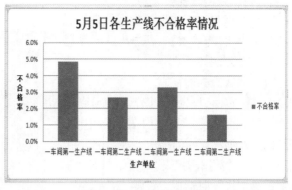

图 4-45　簇状柱形图结果

（2）插入饼图

在"插入"选项卡的"图表"组中单击"饼图"下拉按钮，在弹出的下拉列表中选择"三维饼图"栏中的"三维饼图"选项，则在当前工作表中生成一个三维饼图。

（3）插入并修改标题

选择"图表工具"上下文选项卡的"布局"选项卡，单击"标签"组中的"图表标题"下拉按钮，在弹出的下拉列表中选择"图表上方"命令插入图表标题。然后，修改图表标题为"5 月 9 日各生产线产品不合格率所占比例"。

（4）显示百分比数据标签

① 在"布局"选项卡的"标签"组中单击"数据标签"下拉按钮，在弹出的下拉列表中选择"其他数据标签选项"命令，打开"设置数据标签格式"对话框，切换到"标签选项"选项卡，选中"百分比"复选框，如图 4-46 所示。

② 单击"关闭"按钮完成饼图制作。拖动图表边框，将其放大到适当大小即可，如图 4-47 所示。

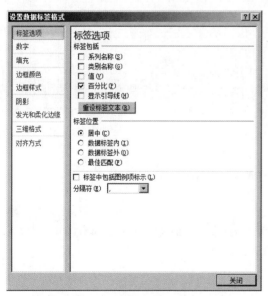

图 4-46　"设置数据标签格式"对话框

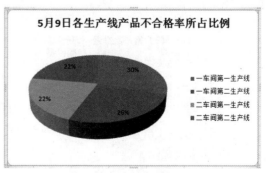

图 4-47　饼图结果

3. 制作数据透视表

制作数据透视表实现按生产日期汇总各生产线生产的各类产品的合格产品总数。其操作方法如下。

（1）插入数据透视表

将光标定位到 Sheet2 工作表的 A1 单元格中，在"插入"选项卡的"表格"组中单击"数据透视表"下拉按钮，在弹出的下拉列表中选择"数据透视表"命令，打开"创建数据透视表"对话框，设置"表/区域"为 Sheet1 工作表的 A2:H22 单元格区域，如图 4-48 所示。

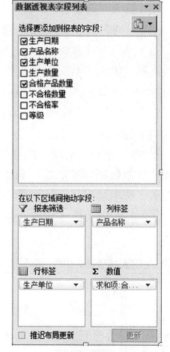

图 4-48　"创建数据透视表"对话框

（2）数据透视表布局

在图 4-48 中单击"确定"按钮，进入数据透视表布局阶段。此时，在窗口右侧打开"数据透视表字段列表"窗格，如图 4-49 所示，选择"生产日期""产品名称""生产单位""合格产品数量"4 个字段，并将"生产日期"字段按钮从"行标签"处拖动到"报表筛选"列表框中，将"产品名称"字段按钮从"行标签"列表框拖动到"列标签"列表框中，即可完成数据透视表的创建。

（3）数据筛选

在"生产日期"处选择"2015 年 5 月 7 日"，得到图 4-50 所示的结果。

4. 使用数据透视图（折线图）体现一车间产品不合格率的变化趋势

（1）插入数据透视图

将光标定位到当前工作表的 A3 单元格中，在"插入"选项卡的"表"组中单击"数据透视表"下拉按钮，在弹出的下拉列表中选择"数据透视图"命令，打开"创建数据透视表及数据透视图"对话框，设置"表/区域"为当前工作表的 A2:H22 单元格区域，如图 4-51 所示。

图 4-49　"数据透视表字段列表"窗格

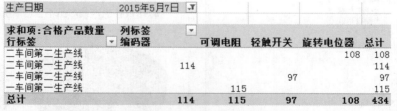

生产日期		2015年5月7日			
求和项:合格产品数量	列标签				
行标签	编码器	可调电阻	轻触开关	旋转电位器	总计
二车间第二生产线				108	108
二车间第一生产线	114				114
一车间第二生产线			97		97
一车间第一生产线		115			115
总计	114	115	97	108	434

图 4-50　数据透视表结果

（2）数据透视图布局

单击"确定"按钮，进入数据透视图布局阶段。此时，在窗口右侧打开"数据透视表字段列表"窗格，选择"生产日期""生产单位""不合格率"3 个字段，并将"生产单位"字段从"轴字段（分类）"列表框拖动到"图例字段（系列）"列表框中，如图 4-52 所示。

（3）修改图表类型

此时，系统自动插入的是簇状柱形图。在"数据透视图工具"上下文选项卡的"设计"选项卡的"类型"组中单击"更改图表类型"按钮，打开"更改图表类型"对话框，选择"折线图"选项卡中的"带数据标记的折线图"类型，如图 4-53 所示。

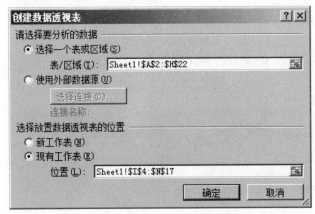

图 4-51 "创建数据透视表及数据透视图"对话框

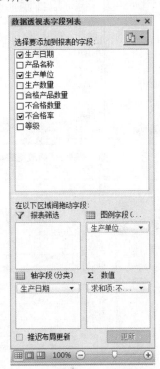

图 4-52 "数据透视表字段列表"操作框

（4）数据筛选

为了体现一车间产品不合格率的变化趋势，还需要在数据透视表中的"列标签"位置进行数据筛选，即单击"列标签"右侧的下三角按钮，在弹出的下拉菜单中选中"一车间第一生产线"和"一车间第二生产线"复选框，如图 4-54 所示，最后单击"确定"按钮。

（5）修饰图表

① 在"布局"选项卡的"标签"组中单击"图表标题"下拉按钮，在弹出的下拉列表中选择"图表上方"命令插入图表标题，并修改图表标题为"第 19 周一车间产品不合格率变化趋势"。

② 在"布局"选项卡的"标签"组中单击"坐标轴标题"下拉按钮，在弹出的下拉列表中选择"主要横坐标轴标题"→"坐标轴下方标题"命令插入横坐标轴标题，并修改横坐标轴标题为"生产日期"。

③ 在"布局"选项卡的"标签"组中单击"坐标轴标题"下拉按钮，在弹出的下拉列表中选择"主要纵坐标轴标题"→"竖排标题"命令插入纵坐标轴标题，并修改纵坐标轴标题为"产品不合格率"。

④ 拖动图表边框，将其放大到适当大小即可，如图 4-55 所示。

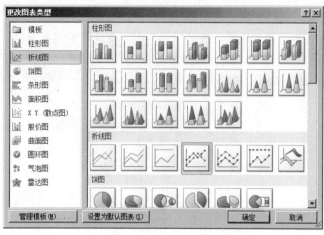

图 4-53 "更改图表类型"对话框

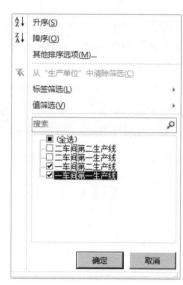

图 4-54 "列标签"筛选数据

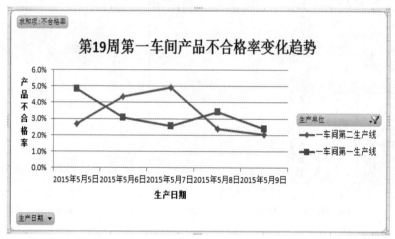

图 4-55 数据透视图（折线图）结果

5. 使用数据透视图（堆积圆柱图）对比 19 周各类产品的合格总数

（1）创建数据透视表

将光标定位到当前工作表的 A1 单元格中，在"插入"选项卡的"表格"组中单击"数据透视表"下拉按钮，在弹出的下拉列表中选择"数据透视表"命令，打开"创建数据透视表"对话框，设置"表/区域"为当前工作表的 A2:H22 单元格区域，单击"确定"按钮。

在"数据透视表字段列表"窗格中选择"生产日期""产品名称""生产单位""合格产品数量" 4 个字段，并将"生产单位"字段从"行标签"列表框拖动到"报表筛选"列表框中，将"生产日期"字段从"行标签"列表框拖动到"列标签"列表框中。

通过上述操作，得到图 4-56 所示的数据透视表。

（2）插入图表

将光标定位到数据透视表中，在"插入"选项卡的"图表"组中单击"柱形图"下拉按钮，在弹出的下拉列表中选择"堆积圆柱图"选项，则在当前工作表中插入一个堆积圆柱图。

生产单位	(全部)					
求和项:合格产品数量	列标签					
行标签	2015年5月5日	2015年5月6日	2015年5月7日	2015年5月8日	2015年5月9日	总计
编码器		95	114		116	325
可调电阻	121	116	115		124	476
轻触开关		110	97		97	304
旋转电位器	109		108	229	112	558
直滑式电位器	235	100		216		551
总计	465	421	434	445	449	2214

图 4-56　数据透视表结果

选中图表，切换到"数据透视图工具"上下文选项卡的"设计"选项卡，在"位置"组中单击"移动图表"按钮，打开"移动图表"对话框，选中"新工作表"单选按钮，如图 4-57 所示，单击"确定"按钮。

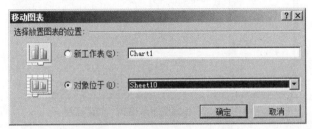

图 4-57　"移动图表"对话框

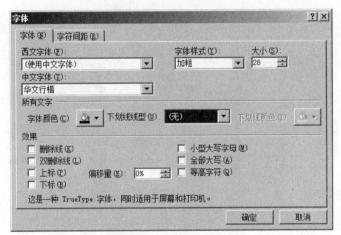

图 4-58　"字体"对话框

（3）修饰图表

插入"图表标题"为"2011 年第 19 周各类产品的产量对比"，插入横坐标轴标题为"产品名称"，插入纵坐标轴标题为"产量"，操作方法同上例。

设置各标题、图例及坐标轴的字体，操作方法为：右键单击相应位置，在弹出的快捷菜单中选择"字体"命令，打开"字体"对话框，即可设置"中文字体""字体样式""大小"及"字体颜色"等选项，如图 4-58 所示。

设置图表区的填充效果，操作方法：右键单击图表区，在弹出的快捷菜单中选择"设置图表区域格式"命令，打开"设置图表区格式"对话框，设置"填充"为"图片或纹理填充"，同时在"纹理"下拉列表框中选择"花束"效果，如图 4-59 所示。设置背面墙的填充效果与图表区的操作方法相同，填充效果为"信纸"纹理。

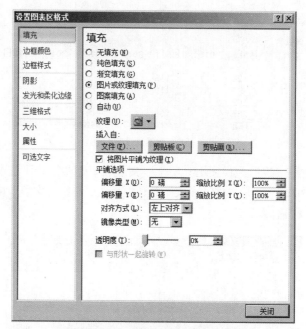

图4-59 "设置图表区格式"对话框图

全部修饰完成后，得到图4-60所示的结果。

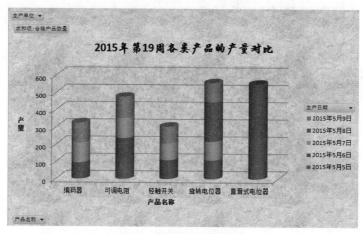

4-60 数据透视图最终结果

PART 5　第 5 部分
PowerPoint 2010 的使用

实验 1　演示文稿的创建与编辑

 实验目的

（1）掌握 PowerPoint 2010 演示文稿的建立与保存操作。

（2）掌握 PowerPoint 2010 演示文稿的编辑操作。

（3）掌握 PowerPoint 2010 演示文稿的格式排版操作。

（4）掌握 PowerPoint 2010 演示文稿的超链接操作。

实验内容

建立一个个人述职报告的演示文稿，效果如图 5-1 所示。

图 5-1　述职报告幻灯片

具体要求如下。

（1）首页。标题为"述职报告"，副标题给出报告人的名字，选择合适的幻灯片模板。

（2）目录页、列目录。内容包括：自我介绍；现职工作自评；主要工作成绩。设置项目

符号，插入自选图形，将自选图形放在文字下方，为每行文字建立超链接，链接到相应的幻灯片。

（3）正文页。采用不同的项目符号，添加文本框"返回目录"，为该文本框建立超链接。

（4）结束页。效果如图 5-1 所示。

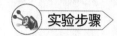 **实验步骤**

1. 制作第一张幻灯片

（1）建立空演示文稿。启动 PowerPoint 2010 窗口，默认建立一个新的空演示文稿。

（2）选择设计模板。在"设计"选项卡的"主题"组中单击"其他"按钮，在弹出的下拉列表中选择"流畅"模板，如图 5-2 所示。

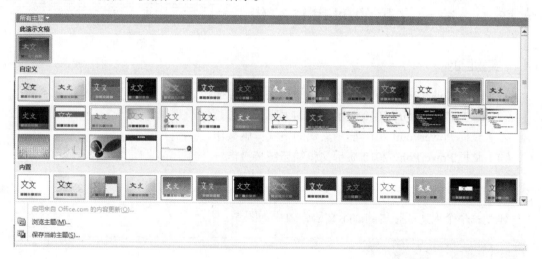

图 5-2　设计主题

（3）输入文本。该张幻灯片自动选择"标题幻灯片"版式，在标题占位符中输入"述职报告"，在副标题占位符中输入"——报告人：＊＊＊"。

（4）设置文本格式。调整标题文本的字体为宋体，字号为 60，颜色为白色，位置居中，选中副标题文本并设置为宋体，36 号字，白色，右对齐。同时可以调整占位符的边框位置，使幻灯片看起来更美观。

2. 制作第二张幻灯片

（1）插入一张新幻灯片。将光标定位在第一张幻灯片上，在"开始"选项卡的"幻灯片"组中单击"新建幻灯片"按钮，添加一张新幻灯片。

（2）设置幻灯片版式。插入的新幻灯片自动选择"标题与文本"版式。

（3）输入内容。在标题占位符中输入此张幻灯片的标题"目录"，并设置为隶书，40 号，居中对齐，设置文本内容为黑体，24 号，左对齐，2 倍行距。

（4）改变项目符号与编号。选中目录内容的五行文字，在"开始"选项卡的"段落"组中单击"项目符号"下拉按钮，在弹出的下拉列表中选择"箭头项目符号"选项，如图 5-3 所示。

图 5-3 "项目符号"下拉列表

（5）美化幻灯片。在"插入"选项卡的"插图"组中单击"形状"下拉按钮，在弹出的下拉列表中选择"矩形"选项，插入矩形。右键单击矩形框，在弹出的快捷菜单中选择"置于底层"命令，然后在弹出的快捷菜单中选择"设置形状格式"命令，打开"设置形状格式"对话框，如图 5-4 所示。在该对话框中设置自己喜欢的填充颜色和线条颜色，再设置阴影。

图 5-4 设置形状格式

3. 制作第三张幻灯片

（1）插入一张新幻灯片。将光标定位在第二张幻灯片上，按照前面的操作添加一张新幻灯片。

（2）设置幻灯片版式。插入的新幻灯片自动选择"标题与文本"版式。

（3）输入内容。在标题占位符中输入此张幻灯片的标题"自我介绍"，并设置为隶书，40号，左对齐，设置文本内容为楷体，24号，左对齐，1.5 倍行距。

（4）改变项目符号与编号。选中文本内容的前五行文字，在"开始"选项卡的"段落"组中单击"项目符号"下拉按钮，在弹出的下拉列表中选择"箭头项目符号"选项，如图5-3所示。

（5）降级文本。选中"集团工作经历"后面两段内容，在"开始"选项卡的"段落"组中单击"提高列表级别"按钮，降级文本。

同理，制作第四张～第六张幻灯片。

4. 设置超链接

（1）将光标定位在第二张幻灯片，选中文本"自我介绍"，在"插入"选项卡的"链接"组中单击"超链接"按钮，如图5-5所示，打开"插入超链接"对话框。

图5-5 单击"超链接"按钮

（2）单击对话框左侧的"本文档中的位置"按钮，在右侧列表框中出现该演示文稿中所有的幻灯片标题，如图 5-6 所示。选中第三张幻灯片——自我介绍，单击"确定"按钮完成超链接设置。

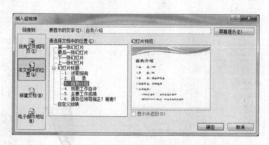

图5-6 "插入超链接"对话框

同理，可为第二张幻灯片的其他两行文本分别设置超链接到第四张～第五张幻灯片；为第三张～第五张幻灯片下面的"返回目录"文本框设置超链接到第二张幻灯片。

5. 设置幻灯片切换

切换到"切换"选项卡，在"切换到此幻灯片"组中单击"其他"按钮，在弹出的下拉列表中选择"华丽型"组中的"立方体"。在"计时"组的"声音"组中选择"打字机"，"换片方式"选项组中选中"单击鼠标时"复选框，然后选择"全部应用"。

6. 放映幻灯片

在"幻灯片放映"选项卡的"开始放映幻灯片"组中单击"从头开始"按钮，幻灯片从第一张开始放映，一张放映结束时单击切换到下一张幻灯片。这种放映方式可以由演讲者自己控制幻灯片的切换时间。

7. 保存演示文稿

单击"文件"按钮，在弹出的下拉菜单中选择"保存"命令，在打开的"另存为"对话框中输入文件名并选择保存位置，保存演示文稿。

实验 2　幻灯片特效与播放设置

实验目的

（1）掌握演示文稿的自定义幻灯片放映与设置幻灯片放映的方法。

（2）掌握母版的使用方法。

（3）掌握演示文稿中文本和图片的自定义动画操作。

（4）掌握在演示文稿中插入声音文件并对其进行设置的方法。

实验内容

制作介绍美丽校园的演示文稿，效果如图 5-7 所示。

图 5-7　美丽校园幻灯片

具体要求如下。

（1）首页。标题为"美丽校园"，给出制作人的姓名，设置背景文件为"校园.jpg"图片。

（2）母版的使用。设置背景图片透明度；设置标题的字体、字号、颜色和对齐方式；设置右侧文本栏的字体、字号、颜色和段落格式。

（3）为标题文字和图片设置动画效果。

（4）插入艺术字，设置艺术字的动画效果。

（5）插入声音文件，设置声音开始播放的时间。

实验步骤

1. 制作第一张幻灯片

（1）收集素材。制作之前，利用互联网资源收集制作过程中用到的图片和声音文件。

（2）新建演示文稿。打开 PowerPoint 2010，系统自动创建一个新的演示文稿，该张幻灯片自动选择"标题幻灯片"版式，如图 5-8 所示。

图 5-8　新建演示文稿

（3）设置背景。

① 在"设计"选项卡的"背景"组中单击"背景样式"下拉按钮，在弹出的下拉列表中选择"设置背景格式"命令，打开"设置背景格式"对话框，切换到"填充"选项卡，选中"图片或纹理填充"单选按钮，如图 5-9 所示。

图 5-9　"设置背景格式"对话框

② 单击"文件"按钮，打开"插入图片"对话框，如图 5-10 所示。

图 5-10　"插入图片"对话框

③ 在地址栏中选择合适的路径，找到相应的图片后，单击"打开"按钮返回"设置背景格式"对话框，单击"全部应用"按钮，此时，背景图片就应用到了演示文稿的所有幻灯片中。插入新幻灯片时，也会应用同样的背景。

（4）输入文字。在标题占位符中输入"美丽校园"，在副标题占位符中输入"制作人：＊＊＊"。设置标题和副标题的字体、字号、颜色和对齐方式并调整标题和副标题在幻灯片中的位置。

（5）设置文字动画效果。

① 选中标题文字"美丽校园"，在"动画"选项卡的"动画"组中单击"其他"按钮，在弹出的下拉列表中选择"进入"中的"飞入"效果，如图 5-11 所示。

图 5-11　选择"飞入"效果

② 在"动画"选项卡的"动画"组中单击组按钮，打开"飞入"对话框，默认打开"效果"选项卡。在"设置"选项区中的"方向"下拉列表框中选择"自左侧"选项。切换到"计时"选项卡，在"开始"下拉列表框中选择"与上一动画同时"选项，在"期间"下拉列表框中选择"快速（1 秒）"选项，如图 5-12 所示。

图 5-12　设置动画的效果

③ 再为副标题"制作人：＊＊＊"设置动画效果为"飞入""自左侧""上一动画之后""非常快（0.5 秒）"。

（6）添加背景音乐。

① 在"插入"选项卡的"媒体"组中单击"音频"下拉按钮，在其下拉列表中选择"文件中的音频"命令，打开"插入音频"对话框，在地址栏中选择合适的路径，找到"校歌.mp3"文件，如图 5-13 所示。

图 5-13 "插入音频"对话框

② 单击"插入"按钮，将所选音频文件插入演示文稿中。

③ 在幻灯片中间出现一个喇叭状的声音文件图标，将它拖动到幻灯片以外，这样放映幻灯片时就不会看到此图标了。

④ 在"动画"选项卡的"高级动画"组中单击"动画窗格"按钮，打开"动画窗格"，添加声音文件后，在此窗格中出现"校歌.mp3"选项，选中该选项，单击"重新排列"左侧的向上箭头，将该文件调整到最上面。这样，声音文件就会在幻灯片开始放映时自动播放，如图 5-14 所示。

图 5-14 自定义动画排序

图 5-15 设置声音开始和停止的时间

⑤ 双击该选项，打开"播放音频"对话框，切换到"效果"选项卡。在"开始播放"选项组中选中"开始时间"单选按钮，设置开始时间为"00:05 秒"，在"停止播放"选项组中选中"在 5 张幻灯片后"单选按钮，如图 5-15 所示。

至此，第一张幻灯片制作完成。

2. 制作第二张至第四张幻灯片

（1）新建幻灯片。在"开始"选项卡的"幻灯片"组中单击"新建幻灯片"按钮，添加一张新幻灯式。

（2）设置幻灯片版式。在"开始"选项卡的"幻灯片"组中单击"版式"下拉按钮，在弹出的下拉列表中选择"两栏内容"版式，如图 5-16 所示。

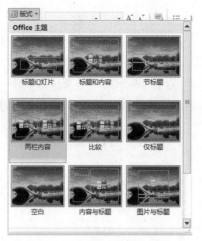

图 5-16　设置幻灯片版式

（3）设置母版。

① 在"视图"选项卡的"母版视图"组中单击"幻灯片母版"按钮，在窗口左侧选择当前母版下的"两栏内容"版式，对该版式下的标题和文本内容进行设置。

② 在"幻灯片母版"选项卡的"背景"组中单击"背景样式"下拉按钮，在弹出的下拉列表中选择"设置背景格式"命令，在打开的"设置背景格式"对话框中设置该母版的背景图片透明度为 50%，如图 5-17 所示，单击"全部应用"按钮，再单击"关闭"按钮关闭对话框。

图 5-17　设置背景透明度

③ 选择"单击此处编辑母版标题样式"占位符，设置标题文本为宋体，54 号，红色，居中；选择右侧"单击此处编辑母版文本样式"占位符，设置右侧文本为楷体，24 号，黄色，左对齐，首行缩进 2 字符，段前、段后均为 0，1.5 倍行距。

④ 在"幻灯片母版"选项卡的"关闭"组中单击"关闭母版视图"按钮，回到幻灯片编辑状态。

（4）在第二张幻灯片的标题占位符中输入文字"学院简介"，在右侧文本栏中输入介绍文字，自动按母版设计好的字体、字号、颜色和段落格式排版。

（5）插入图片。

① 插入图片。在"插入"选项卡的"图像"组中单击"图片"按钮，打开"插入图片"

对话框，选择"主楼.jpg"图片，单击"插入"按钮。

② 设置图片大小。选中图片，通过拖动图片周围的调控点调整图片的大小，或者右键单击图片，在弹出的快捷菜单中选择"大小和位置"命令，打开"设置图片格式"对话框，取消"锁定纵横比"选项，设置图片的高度为80%和宽度为66%，如图5-18所示。

图5-18 "设置图片格式"对话框

③ 设置图片的位置。选中图片，通过拖动将图片放置到适当的位置，或者切换到"设置图片格式"对话框的"位置"选项卡，在"水平"和"垂直"文本框中分别输入数据，然后单击"关闭"按钮，将图片放在幻灯片中的指定位置。

（6）设置图片动画效果。

① 在"动画"选项卡的"动画"组中单击"其他"按钮，在弹出的下拉列表中选择"更多进入效果"命令，打开"更改进入效果"对话框。

② 在该对话框中选择华丽型"飞旋"命令，如图5-19所示，单击"确定"按钮。

图5-19 图片动画效果

③ 在"动画窗格"中双击该选项，打开"飞旋"对话框，切换到"计时"选项卡，在"开始"下拉列表框中选择"与上一动画同时"选项，在"期间"下拉列表框中选择"中速（2秒）"

选项，如图 5-20 所示。

图 5-20　设置动画的开始时间和速度

至此，第二张幻灯片制作完成。依照第二张幻灯片的做法，制作第三张和第四张幻灯片。其中，母版项不必再重新设置，图片可以设置不同的动画效果。

3.　制作第五张幻灯片

（1）新建幻灯片。在"开始"选项卡的"幻灯片"组中单击"新建幻灯片"按钮，添加一张新幻灯片。

（2）设置幻灯片版式。在"开始"选项卡的"幻灯片"组中单击"版式"下拉按钮，在弹出的下拉列表中选择"空白"版式，同时将背景透明度设置为 90%。

（3）添加艺术字。

① 在"插入"选项卡的"文本"组中单击"艺术字"下拉按钮，在其下拉列表中选择一种艺术字效果，在出现的"请在此放置您的文字"文本框中输入"严谨　求是"。

② 选中该艺术字，在"绘图工具"上下文选项卡的"格式"选项卡的"艺术字样式"组中设置文本填充的颜色和文本效果（文字竖排方向）等。

③ 拖动艺术字周围的调控点，调整艺术字的大小，并将该艺术字移动到幻灯片右边的位置。

④ 添加艺术字动画效果。选中艺术字"严谨　求是"，在"动画"选项卡的"高级动画"组中单击"添加动画"下拉按钮，在其下拉菜单中选择"更多进入效果"命令，打开"添加进入效果"对话框，选择"基本型"的"盒状"效果，然后在"动画窗格"中双击该选项，在打开的"盒状"对话框中切换到"计时"选项卡，在"期间"下拉列表框中选择"快速（1 秒）"选项。

⑤ 插入艺术字"敬业　奉献"并选中，在"动画"选项卡的"高级动画"组中单击"添加动画"下拉按钮，在其下拉菜单中选择"更多强调效果"命令，在打开的对话框中选择"基本型"的"放大/缩小"效果，单击"确定"按钮。然后在"动画窗格"中双击该选项，在打开的"放大/缩小"对话框中切换到"计时"选项卡，在"开始"下拉列表框中选择"上一动画之后"选项，在"期间"下拉列表框中选择"快速（1 秒）"选项。

⑥ 插入图片并选中，单击"添加动画"下拉按钮，在其下拉菜单中选择"其他动作路径"命令，在打开的"添加动作路径"对话框中选择"特殊"选项组中的"十字形扩展"效果，如图 5-21 所示，单击"确定"按钮。然后在"动画窗格"中双击该选项，在打开的"十字形扩展"对话框中切换到"计时"选项卡，在"开始"下拉列表框中选择"上一动画之后"选项，在"期间"下拉列表框中选择"慢速（3 秒）"选项。

图 5-21　选择图片的动画路径

4．设置幻灯片切换方式

　　五张幻灯片制作完成后，在"切换"选项卡的"切换到此幻灯片"组中选择"擦除"切换方式；在"计时"组的"换片方式"选项组中取消选中"单击鼠标时"复选框，选中"设置自动换片时间"复选框，设置时间间隔为 00:08，然后单击"全部应用"按钮，如图 5-22 所示。使用这种换片方式，省去了人工操作，幻灯片开始放映后会自动切换。

图 5-22　设置幻灯片切换方式和时间

　　在"幻灯片放映"选项卡的"设置"组中单击"设置幻灯片放映"按钮，打开"设置放映方式"对话框，在"放映选项"选项组中选中"循环放映，按 Esc 键终止"复选框，如图 5-23 所示，这样在放映完最后一张幻灯片后，将自动回到第一张幻灯片循环放映。

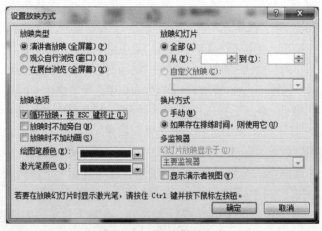

图 5-23　幻灯片放映方式

5．保存演示文稿

　　制作完成后，单击自定义快速访问工具栏中的"保存"按钮，在打开的对话框中将演示文稿保存到适当的位置。

第 6 部分
计算机安全与维护

实验 1　360 安全卫士的使用

360 安全卫士是一款由奇虎 360 公司推出的功能强、效果好、受用户欢迎的安全杀毒软件。360 安全卫士拥有查杀木马、清理插件、修复漏洞、计算机体检、计算机救援、保护隐私、计算机专家、清理垃圾、清理痕迹多种功能，并独创了"木马防火墙""360 密盘"等功能，依靠抢先侦测和云端鉴别，可全面、智能地拦截各类木马，保护用户的账号、隐私等重要信息。由于 360 安全卫士使用极其方便实用，用户口碑极佳。

实验目的

（1）熟悉 360 安全卫士的计算机体检功能。
（2）掌握利用 360 安全卫士进行木马查杀的方法。
（3）掌握利用 360 安全卫士进行计算机清理的方法。
（4）掌握利用 360 安全卫士进行系统优化加速的方法。

实验内容

（1）利用 360 安全卫士进行计算机体检。
（2）利用 360 安全卫士进行木马查杀。
（3）利用 360 安全卫士进行计算机清理。
（4）利用 360 安全卫士进行系统优化加速。

实验步骤

1. 利用 360 安全卫士进行计算机体检

在 360 安全卫士的官方网站（www.360.cn）上下载最新版的 360 安全卫士，双击安装文件，按照提示一步步安装即可。安装完成后，双击 360 安全卫士的快捷方式图标即可启动，如图 6-1 所示。

体检可以让用户快速、全面地了解自身的计算机，并且可以提醒用户对计算机进行一些必要的维护，如木马查杀、垃圾清理、漏洞修复等。定期体检可以有效地保持用户计算机的健康。

图 6-1　360 安全卫士主界面

　　360 安全卫士的计算机体检功能可以全面检查计算机的各项状况。体检完成后会提交一份优化用户计算机的意见，用户可以根据自身的需要对计算机进行优化，也可以便捷地选择一键优化。单击"立即体检"按钮，计算机体检会自动开始，如图 6-2 所示。

图 6-2　自动进行计算机体检

　　计算机体检完成后，360 安全卫士会告诉用户，计算机有哪些地方需要优化和改善，然后单击"一键修复"按钮即可，如图 6-3 所示。

图 6-3　计算机体检结果

2. 利用 360 安全卫士进行木马查杀

利用计算机程序漏洞侵入后窃取文件的程序被称为木马。360 安全卫士的木马查杀功能可以找出用户计算机中疑似木马的程序并在取得用户允许的情况下删除这些程序。

木马对用户计算机的危害非常大，可能导致包括支付宝、网络银行在内的重要账户和密码的丢失。木马的存在还可能导致隐私文件被复制或删除，所以及时查杀木马对于安全上网来说十分重要。

在 360 安全卫士的主界面中单击"查杀修复"按钮进入查杀修复界面。用户可以选择"快速扫描""全盘扫描"和"自定义扫描"来检查计算机中是否存在木马程序，如图 6-4 所示。

图 6-4　查杀修复界面

单击"快速扫描"图标，计算机会对顽固木马、易感染区、系统设置、系统启动项、浏览器组件、系统登录和服务、文件和系统内存、常用软件、系统综合、系统修复项等开始木马的扫描，如图 6-5 所示。

图 6-5　进行快速木马扫描

如果扫描结束后若出现疑似木马，单击"立即处理"按钮即可。扫描完成后，若没有发现相关疑似木马，系统会给出"扫描完成，未发现木马和安全危险项！"的提示，如图 6-6 所示。

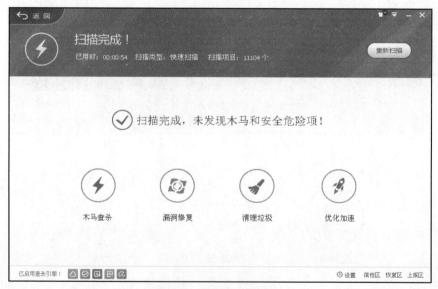

图 6-6　扫描后未发现木马

3. 利用 360 安全卫士进行计算机清理

垃圾文件指系统工作时所过滤加载出的剩余数据文件，虽然每个垃圾文件所占系统资源并不多，但是若有一段时间没有清理，垃圾文件会越来越多。垃圾文件长时间堆积会拖慢计算机的运行速度和上网速度，占用硬盘空间。

在 360 安全卫士的主界面中单击"计算机清理"按钮进入计算机清理界面，如图 6-7 所示。

图 6-7　计算机清理界面

单击"一键扫描"按钮可以自动清理垃圾、清理痕迹、清理注册表、清理插件、清理软件和清理 Cookies，如图 6-8 所示。

图 6-8　扫描计算机垃圾

稍等一段时间，扫描即可完成，其中列出了计算机中所有类型的垃圾文件、痕迹信息、常用软件垃圾、系统垃圾、注册表、Cookies 信息等，单击"一键清理"按钮即可完成垃圾文件的清理，如图 6-9 所示。

图 6-9　垃圾文件扫描结果

4. 利用 360 安全卫士进行系统优化加速

优化加速是 360 安全卫士帮助全面优化你的系统、提升计算机速度的一个重要功能。可直接在 360 安全卫士软件主界面上，单击"优化加速"，软件会自动检测计算机中的可优化项目，如图 6-10 所示。

图 6-10　优化加速界面

360 安全卫士的优化加速可以进行开机加速、系统加速、网络加速、硬盘加速，全面提高系统的性能。单击"开始扫描"按钮会自动进行优化扫描处理，如图 6-11 所示。

图 6-11 优化加速扫描

稍等一段时间，扫描即可完成，并列出计算机中可以优化的项目，在扫描结果界面单击"立即优化"按钮会自动处理扫描结果，如图 6-12 所示。

图 6-12 优化加速扫描结果

实验 2 用 Ghost 软件备份和恢复系统

利用操作系统自带的系统还原功能可以解决系统尚能进入、故障不是特别严重的问题。如果系统已经崩溃，则无法进行恢复。为了解决这一问题，常常使用第三方的系统备份与还原软件，SymantecNorton Ghost 就是其中之一。

实验目的

（1）掌握使用 Ghost 进行系统分区备份的操作。

（2）掌握使用 Ghost 进行系统分区还原的操作。

（3）掌握使用 Ghost 对磁盘进行分区的相关操作。

（4）掌握使用 Ghost 快速进行分区管理的操作。

（5）掌握使用 Ghost 进行磁盘清理的操作。

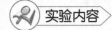 实验内容

（1）使用 Ghost 进行系统分区备份。

（2）使用 Ghost 进行系统分区还原。

（3）使用 Ghost 对磁盘进行分区的相关操作。

（4）使用 Ghost 快速进行分区管理。

（5）使用 Ghost 进行磁盘清理。

 实验步骤

1. 使用 Ghost 进行系统分区备份

DOS 版本和 Windows 版本的 Ghost 在操作上基本一致，可以通过在硬盘上安装一键

Ghost 或者直接安装 Windows 版本来运行它，这里以 USB 启动盘 Windows PE 上带的

Win32 版为例来介绍有关的操作。

（1）启动 Windows PE，找到诺顿 Ghost32 v11 并启动克隆工具，其界面如图 6-13 所示。

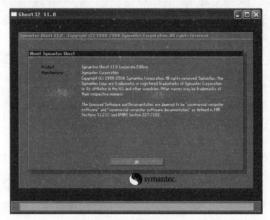

图 6-13　Ghost 启动界面

（2）单击"OK"按钮，进入操作界面，如图 6-14 所示。

图 6-14　Ghost 主界面

其中有以下选项。

- Local：本地操作，即对本地计算机上的硬盘进行操作。
- Peer to peer：通过点对点模式对网络计算机上的硬盘进行操作。
- GhostCast：通过单播/多播或者广播方式对网络计算机上的硬盘进行操作。
- Options：使用 Ghost 时的一些选项，一般使用默认设置即可。
- Help：一个简洁的帮助。
- Quit：退出 Ghost。

注意：当计算机上没有安装网络协议的驱动程序时，Peer to peer 和 GhostCast 选项不可用。

（3）对本地系统进行分区操作，执行 Local→Partition→To Image 命令，如图 6-15 所示。

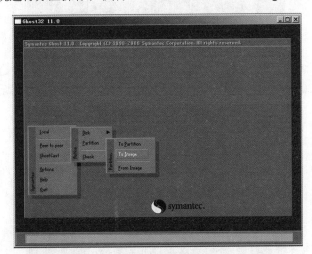

图 6-15 选择备份命令

（4）打开硬盘选择窗口，如图 6-16 所示。

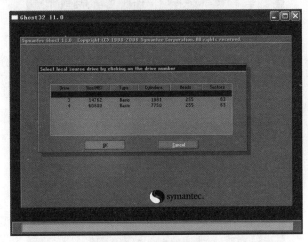

图 6-16 硬盘选择窗口

（5）选择操作系统所在的硬盘，然后单击"OK"按钮（如果计算机仅有一块硬盘，直接单击"OK"按钮即可）进入窗口，选择要操作的分区（DOS 版本的 Ghost 不支持鼠标操作，可用键盘进行相关操作，如用 Tab 键进行切换，用 Enter 键进行确认，用方向键进行选择等），如图 6-17 所示。

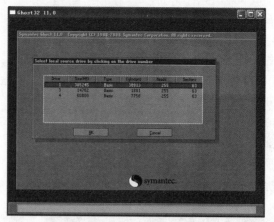

图 6-17　选择分区

（6）选择系统所在的分区，然后单击"OK"按钮，在打开的窗口中选择备份存储的路径并输入备份文件名 201602，注意备份文件的扩展名为.GHO，如图 6-18 所示。

图 6-18　设置备份存储位置和文件名

（7）单击"Save"按钮进行保存，接下来，程序会询问是否压缩备份数据，并给出 3 个选择：No 表示不压缩；Fast 表示压缩比例小，而执行备份速度较快；High 表示压缩比例高，但执行备份速度相当慢，如图 6-19 所示。

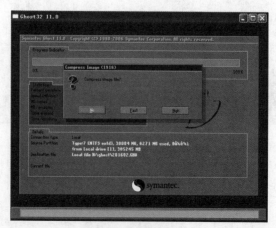

图 6-19　选择压缩方式

（8）单击"Fast"按钮，弹出确认执行备份提示框，如图6-20所示。

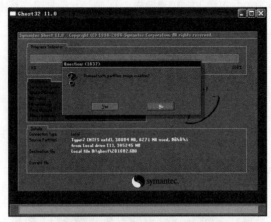

图 6-20　确认执行备份提示框

（9）单击"Yes"按钮即开始进行分区硬盘的备份，如图6-21所示，图中显示进度的百分比、速度、已复制数据和剩余数据以及已用时间和剩余时间。

图 6-21　备份进度显示

（10）等待进度达到100%，即可退出Ghost，这时备份的文件以.GHO为后缀名存储在设定的目录中，至此，备份完成。如图6-22所示。

图 6-22　备份成功

2. 使用 Ghost 进行系统分区还原

（1）要恢复备份的分区，可在界面中执行"Local→Partition→From Image"命令，如图 6-23 所示。

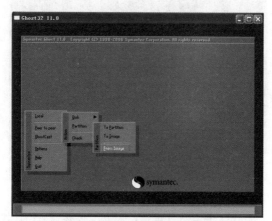

图 6-23　选择从镜像文件恢复命令

（2）打开选择镜像文件对话框，如图 6-24 所示。

图 6-24　选择镜像文件

（3）选择镜像文件 201602.GHO，进入选择源分区界面，如图 6-25 所示。

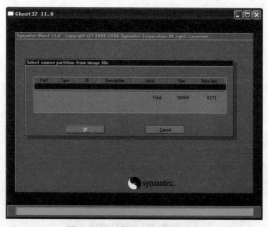

图 6-25　选择源分区界面图

（4）接着单击"OK"按钮，进入目标磁盘选择界面，如图6-26所示。

图 6-26　目标磁盘选择界面

（5）选择相应磁盘后，单击"OK"按钮，进入选择目标分区界面，如图6-27所示。

图 6-27　选择目标分区界面

（6）选择目标分区后，单击"OK"按钮，弹出确认执行恢复提示框，如图6-28所示。

图 6-28　确认执行恢复提示框

（7）单击"Yes"按钮，进入恢复执行进度界面，如图6-29所示。

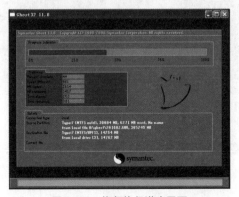

图 6-29　恢复执行进度界面

（8）等待执行完成后，弹出克隆成功完成提示框，如图 6-30 所示。单击"Reset Computer"按钮重启计算机，这样就完成了系统的恢复。

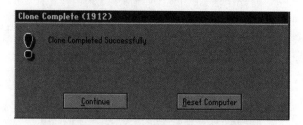

图 6-30　克隆成功完成

3. 使用 Ghost 对磁盘进行操作

启动 Ghost，执行"Local"→"Disk"命令对分区进行操作。Disk 子菜单中有以下命令。

- To Disk：硬盘到硬盘的直接文件克隆。
- To Image：将整块硬盘备份成一个镜像文件。
- From Image：从镜像文件还原硬盘内容。

下面以执行"Local"→"Disk"→"ToDisk"命令即硬盘到硬盘的直接文件克隆为例进行讲解。利用该方法进行备份后，一旦源盘受损，可以直接换上曾经备份的目标盘，从而使计算机恢复正常，不需要再使用 Ghost 进行恢复，这种方式称为磁盘克隆。系统损坏的磁盘也可以使用磁盘克隆方式来恢复正常。

（1）准备好容量和类型适当的目的盘，由于将来会将源盘中的内容备份到目的盘中，要有足够的容量空间，而且类型也要一致。关闭计算机，将目的盘连接到主板上并再次开机。

（2）利用 USB 启动工具盘启动 Ghost 软件，在界面中执行"Local"→"Disk"→"ToDisk"命令，如图 6-31 所示。

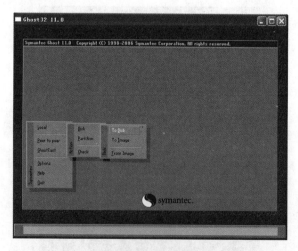

图 6-31　选择从磁盘备份到磁盘操作命令

（3）接着打开选择源盘界面，选择源盘后，单击"OK"按钮，进入目标盘选择界面，如图 6-32 所示。

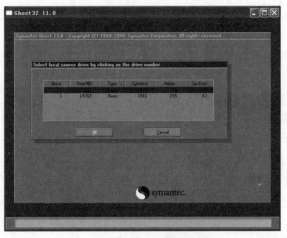

图 6-32 选择目标盘

（4）选择目标盘后，单击"OK"按钮，进入查看将要写入目标盘的内容基本情况界面，如图 6-33 所示，在其中可以判断源盘和目标盘的选择是否正确。

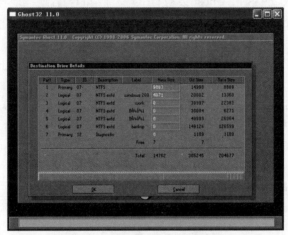

图 6-33 查看克隆后目标盘的细节

注意：一定要分清源盘和目标盘，否则将导致原有的系统被损坏，数据全部丢失。

（5）查看将要写入目标盘的内容无误后，就可以开始实施克隆操作了，单击"OK"按钮，弹出确认磁盘克隆提示框，如图 6-34 所示。

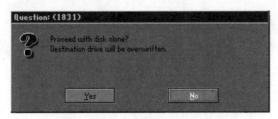

图 6-34 确认磁盘克隆提示框

（6）单击"Yes"按钮，弹出克隆进度界面，界面上同时显示进度百分比、克隆的速度和时间等。

（7）等待克隆完成，弹出克隆完成提示框，根据需要单击"Continue"或"Reset Computer"

按钮就完成了磁盘克隆的操作。将克隆好的磁盘从计算机主板上拆卸下来妥善保存，待需要时即可使用。

Ghost 的 Disk 菜单中各项的使用与 Partition 类似，将磁盘备份成镜像文件、从镜像文件向磁盘恢复等内容在此不再赘述。

4. 使用 Ghost 快速进行硬盘分区的管理

前面已经学习了硬盘分区，如果有很多块型号一样的硬盘都需要进行分区和格式化等磁盘管理操作，就需要大量的重复工作，浪费很多时间，可以利用 Ghost 软件对磁盘进行分区等操作。具体操作步骤如下。

（1）使用 PM 完成对一块磁盘的分区格式化等磁盘管理工作。

（2）利用 Ghost 将整块硬盘备份成扩展名为.GHO 的镜像文件，存储到另外的硬盘上。

（3）将此镜像文件恢复到每块硬盘上，即可完成对每块硬盘的分区格式化等磁盘管理的相关操作。

5. 用 Ghost 整理磁盘碎片

用 Ghost 备份硬盘分区时，Ghost 会自动跳过分区中的空白部分，而只把其中的数据写到 GHO 映像文件中。恢复分区时，Ghost 会把 GHO 文件中的内容连续地写入分区，这样分区的头部都写满了数据，不会夹带空白，因此分区中原有的碎片文件也就消失了。

用 Ghost 整理磁盘碎片的步骤如下。

（1）用磁盘管理工具，如 PM 或 DM 等，扫描并修复要整理碎片的分区中的错误。

（2）使用 USB 启动盘（DOS 启动盘）启动计算机，并进入 DOS 状态，运行 Ghost，执行"Local"→"Partition"→"To Image"命令把该分区制成一个 GHO 镜像文件。

（3）再将 GHO 文件还原到原分区即可。

具体步骤与前述类似，在此不再赘述。

实验 3 磁盘与系统维护

实验目的

（1）掌握常用的磁盘维护工具。

（2）掌握维护和优化操作系统的基本方法。

实验内容

（1）磁盘检查、磁盘清理和磁盘碎片整理工具的使用。

（2）自启动程序的管理、虚拟内存的设置、无响应程序和系统自动更新的处理方法。

实验步骤

1. 磁盘检查

（1）在桌面上双击"计算机"图标，打开"计算机"窗口，在 E 盘上单击鼠标右键，在弹出的快捷菜单中选择"属性"命令。打开"本地磁盘（E:）属性"对话框，打开的对话框中默认打开"常规"选项，如图 6-35 所示。

图6-35 "本地磁盘（E:）属性"对话框

单击"工具"选项卡，单击"查错"栏中的 ⌛开始检查(C)... 按钮，如图6-36所示。

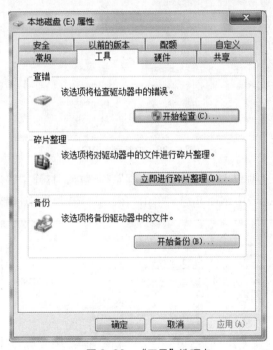

图6-36 "工具"选项卡

（2）打开"检查磁盘 本地磁盘（E:）"对话框，单击选中"自动修复文件系统错误"和"扫描并尝试恢复坏扇区"复选框，单击 开始(S) 按钮，程序开始自动检查磁盘逻辑错误，如图6-37所示。

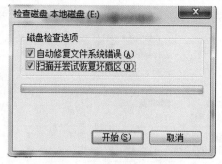

图 6-37 "检查磁盘"对话框

（3）扫描结束后，系统将打开提示框提示扫描完毕，单击"关闭"按钮完成磁盘的检查操作。

2. 清理磁盘

（1）选择"开始"→"控制面板"命令，打开"控制面板"窗口，单击"性能信息和工具"超链接，如图 6-38 所示。

图 6-38　控制面板窗口

（2）在打开的窗口左侧单击"打开磁盘清理"超链接，打开"磁盘清理：驱动器选择"对话框，在中间的下拉列表中选择 E 盘，单击"确定"按钮，如图 6-39 所示。

图 6-39　"磁盘清理：驱动器选择"对话框

（3）在打开的对话框中，系统计算磁盘释放的空间大小，这可能需要几分钟的时间，如图 6-40 所示。

图 6-40　"磁盘清理"对话框

打开 C 盘对应的"磁盘清理"对话框，在"要删除的文件"列表框中选中需要删除文件前面对应的复选框，单击"确定"按钮，如图 6-41 所示。

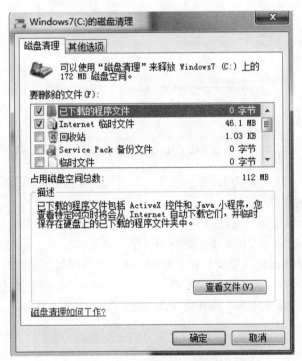

图 6-41　"磁盘清理"对话框

（4）打开"磁盘清理"提示对话框，询问是否永久删除这些文件，单击"删除文件"按钮，如图 6-42 所示。

图 6-42　"磁盘清理"对话框

系统执行命令，并且打开对话框提示文件的清理进度，完成后将自动关闭该对话框。

3. 整理磁盘碎片

（1）打开"计算机"窗口，在 F 盘上单击鼠标右键，在弹出的快捷菜单中选择"属性"命令。

（2）在属性对话框中单击"工具"选项卡，单击 立即进行碎片整理(D)... 按钮。

（3）打开"磁盘碎片整理程序"对话框，在中间的列表框中选择 F 盘，单击 磁盘碎片整理(D) 按钮，系统将先对磁盘进行分析，然后再优化整理。

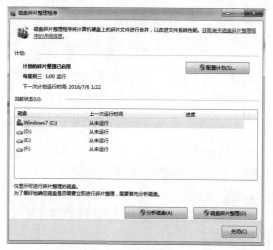

图 6-43　磁盘碎片整理程序

（4）整理完成后，在"磁盘碎片整理程序"对话框中单击"关闭"按钮。

4. 关闭无响应的程序

在使用 Windows 操作系统的过程中，可能会出现某个应用程序停止响应了，无法操作也关闭不了，这时可以按如下方法关闭无响应的程序。

（1）按 Ctrl+Shift+Esc 组合键，打开"Windows 任务管理器"窗口。

（2）单击"应用程序"选项卡，找到应用程序列表中某个任务的状态为"未响应"，单击选中它，然后再单击"结束任务"按钮结束无响应程序，如图 6-44 所示。

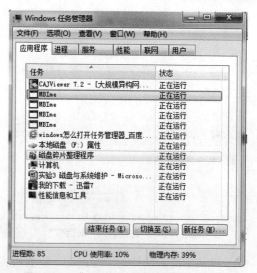

图 6-44　"Windows 任务管理器"对话框

5. 设置虚拟内存

（1）在"计算机"图标上单击鼠标右键，在弹出的快捷菜单中选择"属性"命令，打开"系统"窗口，单击左侧导航窗格中的"高级系统设置"超链接，如图 6-45 所示。

图 6-45 系统窗口

（2）打开"系统属性"对话框的"高级"选项卡，单击"性能"栏的"设置"按钮，如图 6-46 所示。

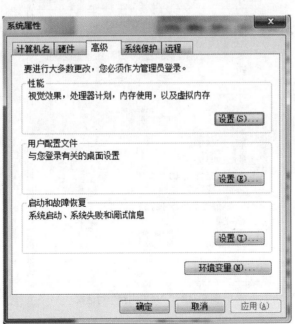

图 6-46 "系统属性"对话框

（3）打开"性能选项"对话框，单击"高级"选项卡，如图 6-47 所示。

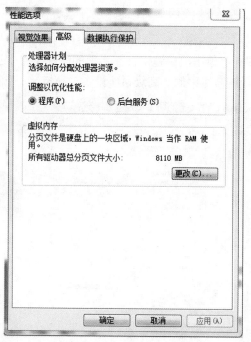

图 6-47 "性能选项"对话框

（4）单击"虚拟内存"栏中的"更改"按钮，打开"虚拟内存"对话框，撤销选中"自动管理所有驱动器的分页文件大小"复选框，在"每个驱动器的分页文件大小"栏中选择"C："选项，如图 6-48 所示。

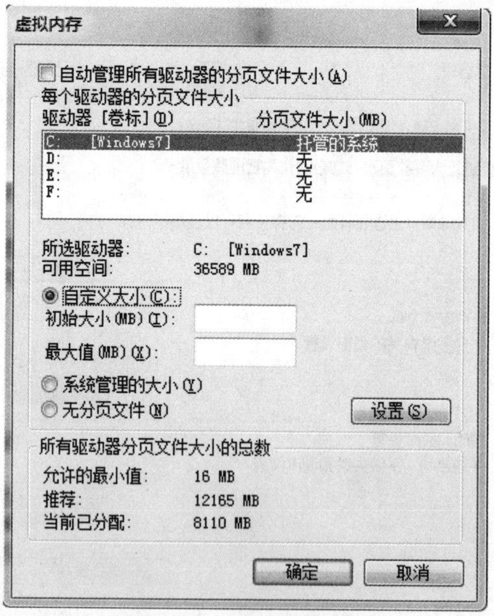

图 6-48 "虚拟内存"对话框

　　虚拟内存通常设置为物理内存的 1.5 倍或 2 倍，推荐固定大小。过大的页面文件不仅占用磁盘空间，而且对性能没有什么帮助，因为硬盘的读写速度十分有限，依次单击"设置"按钮和"确定"按钮完成设置。

6. 管理自启动程序

（1）选择"开始"→"运行"命令，打开"运行"对话框，在"打开"文本框中输入"msconfig"，单击"确定"按钮或按 Enter 键，如图 6-49 所示。

图 6-49 "运行"对话框

（2）将打开"系统配置"窗口，单击"启动"选项卡，在中间的列表框中取消选中不随计算机启动的程序前的复选框，如图 6-50 所示，单击"应用"按钮和"确定"按钮。

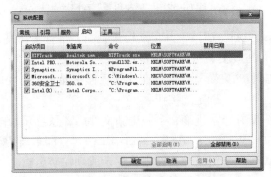

图 6-50 "系统配置"对话框

（3）打开对话框提示需要重启计算机使设置生效，单击"重新启动"按钮。

7. 自动更新系统

（1）选择"开始"→"控制面板"命令，打开"所有控制面板项"窗口，单击"Windows Update"超链接，打开"Windows Update"窗口，单击左侧的"更改设置"超链接，如图 6-51 所示。

图 6-51 "Windows Update"窗口

（2）打开"更改设置"窗口，在"重要更新"下拉列表框中选择"自动安装更新"选项，其他保持默认设置不变，如图 6-52 所示，单击"确定"按钮。

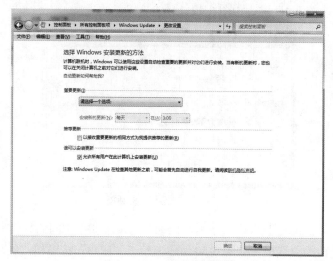

图 6-52 "更改设置"窗口

（3）返回"Windows 更新"窗口，并自动检查更新，检查更新完成后，将显示需要更新内容的数量，单击"34 个重要更新可用"超链接。

（4）打开"选择要安装的更新"窗口，在其列表框中显示了需要更新的内容，选中需要更新内容前面的复选框，单击"确定"按钮。

（5）系统开始下载更新并显示进度，下载更新文件后，系统开始自动安装更新。

（6）完成安装后，在"Windows 更新"窗口中单击"立即重新启动"按钮，立刻重启计算机，重启完成后在"Windows 更新"窗口中将提示成功安装更新。

第 2 篇　习题篇

- 第 1 部分　计算机基础知识练习题
- 第 2 部分　Internet 基础与应用练习题
- 第 3 部分　Word 2010 的使用练习题
- 第 4 部分　Excel 2010 的使用练习题
- 第 5 部分　PowerPoint 2010 的使用练习题
- 第 6 部分　计算机安全与维护练习题

第 1 部分
计算机基础知识练习题

一、选择题

1. 第四代计算机的主要元器件采用的是（   ）。
   - A. 晶体管
   - B. 小规模集成电路
   - C. 电子管
   - D. 大规模和超大规模集成电路

2. 冯·诺伊曼计算机工作原理的设计思想是（   ）。
   - A. 程序设计
   - B. 程序存储
   - C. 程序编制
   - D. 算法设计

3. 1946 年电子计算机 ENIAC 问世后，冯·诺伊曼在研制 EDVAC 计算机时，提出两个重要的改进，它们是（   ）。
   - A. 引入 CPU 和内存储器的概念
   - B. 采用机器语言和十六进制
   - C. 采用 ASCII 编码系统
   - D. 采用二进制和存储程序控制的概念

4. 完整的计算机硬件系统一般包括外部设备和（   ）。
   - A. 运算器和控制器
   - B. 存储器
   - C. 主机
   - D. 中央处理器

5. 组成微型计算机的基本硬件的五个部分是（   ）。
   - A. 外设、CPU、寄存器、主机、总线
   - B. CPU、内存、外存、键盘、打印机
   - C. 运算器、控制器、存储器、输入设备、输出设备
   - D. 运算器、控制器、主机、输入设备、输出设备

6. 微型计算机中控制器的基本功能是（   ）。
   - A. 进行算术运算和逻辑运算
   - B. 存储各种控制信息
   - C. 保持各种控制状态
   - D. 控制机器各个部件协调一致地工作

7. 微型计算机的内存主要包括（   ）。
   - A. RAM、ROM
   - B. SRAM、DROM
   - C. PROM、EPROM
   - D. CD-ROM、DVD

8. 能直接与 CPU 交换信息的存储器是（   ）。
   - A. 硬盘
   - B. 软盘
   - C. CD-ROM
   - D. 内存储器

9. 微型计算机中内存储器比外存储器（　　　）。

    A. 读写速度快   B. 存储容量大

    C. 运算速度慢   D. 以上三种都可以

10. 在计算机操作过程中，断电后信息就消失的是（　　　）。

    A. ROM   B. RAM

    C. 硬盘   D. 软盘

11. 微型计算机存储系统中，EPROM 是（　　　）。

    A. 可擦写可编程只读存储器   B. 动态随机存储器

    C. 只读存储器   D. 可编程只读存储器

12. 配置高速缓冲存储器（cache）是为了解决（　　　）。

    A. CPU 与辅助存储器之间速度不匹配问题

    B. CPU 与辅助存储器之间速度不匹配问题

    C. CPU 与内存储器之间速度不匹配问题

    D. 主机与外设之间速度不匹配问题

13. 微型计算机中的外存主要包括（　　　）。

    A. RAM、ROM、软盘、硬盘   B. 软盘、硬盘、光盘

    C. 软盘、硬盘`   D. 硬盘、CD-ROM、DVD

14. 下列各组设备中，全部属于输入设备的一组是（　　　）。

    A. 键盘、磁盘和打印机   B. 键盘、扫描仪和鼠标

    C. 键盘、鼠标和显示器   D. 硬盘、打印机和键盘

15. 在下列设备中，不能作为计算机的输出设备的是（　　　）。

    A. 打印机   B. 显示器

    C. 绘图仪   D. 键盘

16. PentiumⅢ/500 微型计算机 CPU 的时钟频率是（　　　）。

    A. 500kHz   B. 500MHz   C. 250kHz   D. 250MHz

17. 微型计算机硬件系统中最核心的部件是（　　　）。

    A. 硬盘   B. CPU

    C. 内存储器   D. I/O 设备

18. 下列 4 项中不属于微型计算机主要性能指标的是（　　　）。

    A. 字长   B. 内存储量

    C. 重量   D. 时钟频率

19. 用 MIPS 为单位衡量计算机的性能，它指的是计算机的（　　　）。

    A. 传输速率   C. 字长

    B. 存储器容量   D. 运算速度

20. 在衡量计算机的主要性能指标中，字长是（　　　）。

    A. 计算机运算部件一次能够处理的二进制数据位数

    B. 8 位二进制数长度

    C. 计算机的总线宽度

    D. 存储系统的容量

21. 下列 4 种设备中，属于计算机输出设备的是（　　　）。

A. 扫描仪　　　　　　　　　　B. 键盘

C. 绘图仪　　　　　　　　　　D. 鼠标

22. 下列叙述中，正确的一条是（　　　）。

A. 存储在任何存储器中的信息，断电后都不会丢失

B. 操作系统是只对硬盘进行管理的程序

C. 硬盘装在主机箱内，因此硬盘属于主存

D. 硬盘驱动器属于外部设备

23. 下列设备中，既能向主机输入数据又能接收主机输出数据的设备是（　　　）。

A. 打印机　　　B. 显示器　　　C. 软盘驱动器　　　D. 光笔

24. CRT 显示器指的是（　　　）。

A. 阴极射线管显示器　　　　　B. 液晶显示器

C. 等离子显示器　　　　　　　D. 以上说法都不对

25. 下列技术指标中，主要影响显示器清晰度的是（　　　）。

A. 对比度　　　B. 亮度　　　C. 刷新率　　　D. 分辨率

26. 通常将 CD-ROM 称为（　　　）。

A. 只读辅助存储器　　　　　　B. 只读光盘

C. 紧缩存储的磁盘　　　　　　D. 只读光盘驱动器

27. 激光打印机的特点是（　　　）。

A. 噪声较大　　　　　　　　　B. 速度快、分辨率高

C. 采用击打式　　　　　　　　D. 以上说法都不是

28. 软盘的基本存取单位是（　　　）。

A. 字节　　　B. 字长　　　C. 扇区　　　D. 磁道

29. CPU 的中文意义是（　　　）。

A. 中央处理器　　　　　　　　B. 寄存器

C. 算术部件　　　　　　　　　D. 逻辑部件

30. 一条计算机指令中规定其执行功能的部分称为（　　　）。

A. 源地址码　　　　　　　　　B. 操作码

C. 目标地址码　　　　　　　　D. 数据码

31. 用来指出 CPU 下一条指令地址的器件称为（　　　）。

A. 程序计数器　　　　　　　　B. 指令寄存器

C. 目标寄存器　　　　　　　　D. 数据寄存器

32. 微型计算机的运算器、控制器及内存储器统称为（　　　）。

A. ALU　　　　　　　　　　　B. CPU

C. ALT　　　　　　　　　　　D. 主机

33. 软件可分为系统软件和（　　　）软件。

A. 高级　　　B. 专用　　　C. 应用　　　D. 通用

34. 计算机可以直接执行的语言是（　　　）。

A. 自然语言　　　　　　　　　B. 汇编语言

C. 机器语言　　　　　　　　　D. 高级语言

35. 下面哪一组是系统软件（　　　）。

A. DOS 和 WPS
B. Word 和 UCDOS
C. DOS 和 Windows
D. Windows 和 MIS

36. 操作系统是（　　　）的接口。

A. 主机与外设
B. 用户与计算机
C. 系统软件与应用软件
D. 高级语言与低级语言

37. 为解决某一特定问题而设计的指令序列称为（　　　）。

A. 文档　　　B. 语言　　　C. 程序　　　D. 系统

38. Linux 是一种（　　　）。

A. 数据库管理系统
B. 操作系统
C. 字处理系统
D. 鼠标器驱动程序

39. CRT 显示器的技术指标之一是像素的点距，通常有 0.28、0.24 等，它以（　　　）为单位来度量。

A. 厘米　　　B. 毫米　　　C. 磅　　　D. 微米

40. 在计算机中，（　　　）称为 1MB。

A. 1000
B. 1024
C. 1000KB
D. 1024 KB

41. 硬盘工作时应特别注意避免（　　　）。

A. 噪声
B. 振动
C. 潮湿
D. 日光

42. 计算机及其外围设备在加电启动时，一般应先给（　　　）加电。

A. 主机
B. 外设
C. 驱动器
D. 键盘

43. 通常所说的 PC 是指（　　　）。

A. 大型计算机
B. 小型计算机
C. 中型计算机
D. 微型个人计算机

44. 计算机之所以能按人们的意图自动地进行操作，主要是因为采用了（　　　）。

A. 汇编语言
B. 机器语言
C. 高级语言
D. 存储程序控制

45. 微型计算机中运算器的主要功能是进行（　　　）。

A. 算术运算
B. 逻辑运算
C. 算术和逻辑运算
D. 函数运算

46. Windows 7 是一种（　　　）。

A. 工具软件
B. 操作系统
C. 字处理软件
D. 图形处理系统

47. Windows 7 的整个显示屏幕称为（　　　）。

A. 窗口　　　B. 操作台　　　C. 工作台　　　D. 桌面

48. 在 Windows 7 中，"任务栏"（　　　）。

A. 只能改变位置不能改变大小
B. 只能改变大小不能改变位置

C. 既不能改变位置也不能改变大小

D. 既能改变位置也能改变大小

49. 在 Windows 7 中，下列关于"任务栏"的叙述，错误的是（　　）。

    A. 可以将任务栏设置为自动隐藏

    B. 任务栏可以移动

    C. 通过任务栏上的按钮，可实现窗口之间的切换

    D. 在任务栏上，只显示当前活动窗口名

50. 下列关于 Windows 7 窗口的叙述，错误的是（　　）。

    A. 窗口是应用程序运行后的工作区

    B. 同时打开的多个窗口可以重叠排列

    C. 窗口的位置和大小都可以改变

    D. 窗口的位置可以移动，但大小不能改变

51. 在 Windows 7 下，当一个应用程序窗口被最小化后，该应用程序（　　）。

    A. 终止运行　　　　　　　　　　B. 暂停运行

    C. 继续在后台运行　　　　　　　D. 继续在前台运行

52. Windows 环境下，实现窗口移动的操作是（　　）。

    A. 用鼠标指针拖动窗口中的标题栏

    B. 用鼠标指针拖动窗口中的控制按钮

    C. 用鼠标指针拖动窗口中的边框

    D. 用鼠标指针拖动窗口中的任何部位

53. Windows 中窗口与对话框的区别是（　　）。

    A. 窗口有标题栏而对话框没有

    B. 窗口有标签而对话框没有

    C. 窗口有命令按钮而对话框没有

    D. 窗口有菜单栏而对话框没有

54. 下列关于 Windows 7 对话框的叙述中，错误的是（　　）。

    A. 对话框是提供给用户与计算机对话的界面

    B. 对话框的位置可以移动，但大小不能改变

    C. 对话框的位置和大小都不能改变

    D. 对话框中可能会出现滚动条

55. 按下鼠标左键在同一驱动器不同文件夹内拖动某一对象，结果是（　　）。

    A. 移动该对象　　　　　　　　　B. 复制该对象

    C. 无任何结果　　　　　　　　　D. 删除对象

56. 在 Windows 7 窗口中，选中末尾带有省略号（…）的菜单意味着（　　）。

    A. 将弹出下一级菜单　　　　　　B. 将执行该菜单命令

    C. 表明该菜单项已被选用　　　　D. 将弹出一个对话框

57. 在 Windows 7 中，呈灰色显示的菜单意味着（　　）。

    A. 该菜单当前不能选用

    B. 选中该菜单后将弹出对话框

C. 选中该菜单后将弹出下级子菜单

D. 该菜单正在使用

58. 在 Windows 7 默认环境中，下列哪个是中英文输入切换键（　　）。

    A. Ctrl + Alt
                    B. Ctrl + 空格

    C. Shift + 空格
              D. Ctrl + Shift

59. 想选定多个文件名，当多个文件名不处在一个连续的区域内时，就应该先按住（　　）键，再用鼠标逐个单击选定。

    A. Ctrl
        B. Alt
        C. Shift
        D. Del

60. 在 Windows 中，下列正确的文件名是（　　）。

    A. MY PRKGRAM GROUPTXT
      B.FILEI ‖ FILE2

    C. B<>
                    D. CE？T.DOC

61. 在 Windows 7 中，为保护文件不被修改，可将它的属性设置为（　　）。

    A. 只读
        B. 存档
      C. 隐藏
      D. 系统

62. 在 Windows 7 中，若在某一文档中连续进行了多次剪切操作，当关闭该文档后，"剪贴板"中存放的是（　　）。

    A. 空白
                    B. 所有剪切过的内容

    C. 最后一次剪切的内容
        D. 第一次剪切的内容

63. 要关闭正在运行的程序窗口，可以按（　　）组合键。

    A. Alt + Ctrl
        B. Alt + F3
      C. Ctrl + Tab
      D. Alt + F4

64. 下列各带有通配符的文件中，能代表文件 XYZ.TXT 的是（　　）。

    A. *.Z?
        B. X*.*
      C. ? Z.TXT
      D. ? .?

二、填空题

1. 计算机按字长可分为_____位机、_____位机、_____位机和 64 位机等。

2. 计算机按结构可分为_____、单板机与多芯机、多板机等。

3. 计算机辅助设计的英文缩写是_____。

4. 计算机按 CPU 芯片型号可分为 386 机、486 机和_____微机等。

5. 系统总线根据所传递的内容与作用的不同，可分为数据总线、地址总线和控制总线。按总线接口类型来划分，有 ISA 总线、_____总线和_____总线。

6. 内存是由只读存储器_____和随机存储器_____这两部分组成的。

7. 微型计算机的硬件系统包括_____和_____。

8. _____的功能是计算机记忆和暂存数据。

9. bit 的意思是_____。

10. 由二进制编码构成的语言是_____。

11. 在微型计算机的汉字系统中，一个汉字的内码占_____个字节。

12. 反映计算机存储容量的基本单位是_____。

13. 在计算机内，二进制的_____是数据的最小单位。

14. 微型计算机中，I/O 设备的含义是_____设备。

15. 硬盘、光盘都是计算机的_____。

16. Windows 7 中，选定多个相邻文件的操作是：首先单击第一个文件，然后按_____键的同时，单击其他待选定的文件。

17. 微型计算机中常用的输出设备有_____、打印机、绘图仪等。

18. Windows 7 中，_____是安排在桌面上的某个应用程序的图标。

19. Windows 7 中，_____可以用来改变计算机系统的设置。

20. 在 Windows 环境下进入到 DOS 方式后，若需要返回到 Windows 环境下，应输入命令_____。

三、判断题

1. 在计算机中，若干字节称为一个字。   （　　）

2. 笔记本计算机的显示器一般都不采用 CRT 显示器。   （　　）

3. 微机工作时，因某种原因死机重新启动后，计算机中的原有信息会全部丢失。

                                                                （　　）

4. 通常所说的 24 针打印机属于击打式打印机。   （　　）

5. 一个汉字在内存中的存储要占用 16 个二进制位。   （　　）

6. 没有系统软件，计算机硬件系统将无法独立工作。   （　　）

7. 同一目录下可以建立两个同名的子目录。   （　　）

8. 高级算法语言是计算机硬件能直接识别和执行的语言。   （　　）

9. 只有新磁盘才需要格式化。   （　　）

10. 输入设备是用来向计算机输入命令、程序和数据信息的设备。   （　　）

11. 计算机必须借助操作系统才能正常工作。   （　　）

12. 一个完整的计算机系统由运算器、控制器、存储器、输入设备、输出设备组成。

                                                                （　　）

13. 第三代计算机的主要硬件是超大规模集成电路。   （　　）

14. CPU 是计算机中央处理器的英文缩写。   （　　）

15. 裸机是指不含有外围设备的主机。   （　　）

16. ROM 称作随机存取存储器。   （　　）

17. 计算机内部不能使用十进制，只能使用二进制、八进制或者十六进制。   （　　）

18. ASCII 码是一种字符的二进制编码形式。   （　　）

19. 十进制和二进制都是一种有位权（带权）的记数方法，它们的区别主要是基数不同。

                                                                （　　）

20. 计算机只要硬件不出问题，就能正常工作。   （　　）

四、操作题

1. 在 D 盘建立一个考生文件夹，文件夹名称为 KS000001。

2. 用磁盘清理程序对 C 盘驱动器进行清理，在进行磁盘清理时将整个屏幕以图片的形式保存到考生文件夹中，文件命名为"磁盘清理过程"。

3. 自定义任务栏，设置任务栏中的时钟隐藏，并且在"开始"菜单中显示小图标，将设置后的效果屏幕以图片的形式保存到考生文件夹中，文件命名为"任务栏和开始菜单设置"，保存之后，恢复原设置。

4. 设置当前日期为 2014 年 9 月 1 日，时间为 11:30:30，将设置后的"时间和日期"选项卡以图片的形式保存到考生文件夹中，文件命名为"时间设置"，图片保存之后，恢复原设置。

5. 查找 C 盘驱动器中前 3 日建立的文件，要求大小在 80KB 以下，查找完毕，将带有查找结果的当前屏幕以图片的形式保存到考生文件夹中，文件名称为"查找文件"。

6. 在考生文件夹中建立新的文件夹,名称为 KSML,将刚才建立的 5 个文件复制到 KSML 文件夹中,将 KSML 文件夹中的文件重命名为 Al、A2、A3、A4、A5,扩展名不变。

7. 在 KSML 文件夹中新建一个文本文件,名称为 A6. txt,文件内容为"我们做练习"。

8. 将 KSML 文件夹设置为共享。

9. 将 KSML 文件夹中的文件 A5 设置为隐藏属性。

10. 将 KSML 文件夹中的文件 A5 删除。(如果因为 A5 文件隐藏而无法显示,请设置"工具"菜单的"文件夹选项"对应项。)

PART 2

第 2 部分
Internet 基础与
应用练习题

一、选择题

1. 学校的校园网络属于（　　）。

    A. 局域网　　　　　　　　　　　　B. 城域网

    C. 广域网　　　　　　　　　　　　D. 电话网

2. 计算机网络的主要目标是（　　）。

    A. 分布处理　　　　　　　　　　　B. 将多台计算机连接起来

    C. 提高计算机可靠性　　　　　　　D. 共享软件、硬件和数据资源

3. 在 Internet 中使用的网络协议是（　　）。

    A. IPX/SPX　　　　B. TCP/IP　　　　C. IEEE 802. 3　　　　D. NetBEUI

4. 在 IPv4 中，IP 地址由一组（　　）位的二进制数字组成。

    A. 8　　　　　　　B. 26　　　　　　C. 32　　　　　　　　D. 128

5. 下列 IP 地址中书写正确的是（　　）。

    A. 168. 192. 0.1　　　　　　　　　B. 325. 255. 231. 0

    C. 192. 168. 1. 2　　　　　　　　　D. 255. 255. 255

6. 下列（　　）不是局域网能采用的拓扑结构。

    A. 星状　　　　　　　　　　　　　B. 环状

    C. 树状　　　　　　　　　　　　　D. 网状

7. 双绞线电缆最大的传输距离是（　　）m。

    A. 10　　　　　　　B. 50　　　　　　C. 100　　　　　　　D.185

8. 双绞线电缆使用的接口类型为（　　）。

    A. RJ-45　　　　　　　　　　　　B. RJ-11

    C. BNC　　　　　　　　　　　　　D. AUI

9. 在（　　）网络结构中，所有的计算机通过独立的传输线路连接到中心设备上，计算机之间的数据通信都由中心设备转发。

    A. 星状　　　　　　　　　　　　　B. 环状

    C. 树状　　　　　　　　　　　　　D. 总线

10. 在 Internet 中，（　　）负责实现域名与 IP 地址之间的相互转换。

    A. FTP 服务器　　　　　　　　　　B. DNS 服务器

    C. WWW 服务器　　　　　　　　　D. DHCP 服务器

11. 在 IP 网络中，（　　）设备可以将数据发送到不同网络地址的目的主机。

    A. 交换机　　　　　　　　　　　B. 集线器

    C. 路由器　　　　　　　　　　　D. 网卡

12. 个人计算机在家庭接入 Internet 时，必须使用的设备是（　　）。

    A. 交换机　　　　　　　　　　　B. 调制解调器

    C. 防火墙　　　　　　　　　　　D. 路由器

13. Internet 的前身是（　　）。

    A. WWW　　　　　B. CANET　　　　C. PSTN　　　　　　D. ARPANET

14. 中国组建的第 1 个国际联网项目是（　　）。

    A. CANET　　　　　　　　　　　B. CERNET

    C. CHINANET　　　　　　　　　D. CHINAGBN

15. 以下哪个命令用于测试网络是否连通？（　　）。

    A. telnet　　　　　B. nslookup　　　　C. ping　　　　　　D. ftp

16. 现今，以太网组网技术中常用的有线传输介质有（　　）。

    A. 双绞线与同轴电缆　　　　　　B. 同轴电缆与光纤

    C. 双绞线与光纤　　　　　　　　D. 以上都是错误的

17. Outlook 的主要功能是（　　）。

    A. 创建电子邮件账户　　　　　　B. 搜索网上信息

    C. 电子邮件加密　　　　　　　　D. 接收、发送电子邮件

18. 下列 4 项中，合法的电子邮件地址是（　　）。

    A. hou-em.Hxing.com.cn　　　　　B. Em.hxing.com,cn-zhou

    C. em.hxing.com.cn@zhou　　　　　D. zhou@em.Hxing.com.cn

19. 用户的电子邮件信箱是（　　）。

    A. 通过邮局申请的个人信箱

    B. 邮件服务器内存中的一块区域

    C. 邮件服务器硬盘上的一块区域

    D. 用户计算机硬盘上的一块区域

20. 在下列软件中，（　　）不是反病毒软件。

    A. AutoCAD　　　　　　　　　　B. 金山毒霸

    C. Symantec　　　　　　　　　　D. Kaspersky

21. 现今，常用的浏览器软件有（　　）。

    A. FrontPage　　　B. Firefox　　　C. Internet Explorer　　　D. Safari

二、填空题

1. 计算机网络是计算机技术与_____相结合的产物。

2. 按照网络覆盖范围和计算机之间互连距离的不同，计算机网络可分为三类，分别是_____、_____和_____。

3. 从逻辑功能上来看，计算机网络划分为_____和_____两部分。

4. 有线网络采用的传输介质主要有_____、同轴电缆及_____。

5. 计算机网络最主要的性能指标是_____，其单位是_____。

6. 光纤主要有两大类，即_____和_____。

7. _____就是网络中的计算机和设备之间通信时必须遵循的事先制定好的规则标准。

8. IP 地址从功能上由两部分组成，即_____和_____。

9. 双绞线内部由_____对互相缠绕的线缆组成。

10. ADSL 是一种能够通过_____提供宽带数据业务的技术。

11. 在 WWW 服务系统中，信息资源以_____的形式存储在 WWW 服务器（通常称为 Web 站点）中，它们采用超文本方式对信息进行组织，并且通过_____将这些网页链接成一个有机的整体供用户访问浏览，页面到页面的链接信息由_____维持。

12. IE 浏览器在启动后，会自动打开一个网页，该网页称为_____。

13. 电子邮件地址的一般形式为：_____。

14. _____文件就是从远程主机复制文件至自己的计算机上；_____文件就是将文件从自己的计算机中复制至远程主机上。

15. WWW 服务采用_____工作模式。

16. 在 TCP/IP 网络中，邮件服务器之间使用_____相互传递电子邮件。而电子邮件客户程序使用_____向邮件服务器发送邮件，使用_____协议或_____从邮件服务器的邮箱中读取邮件。

17. 写出下面常见的名词术语的中文含义：

OA：_____ LAN：_____ IP：_____ Internet：_____

ISP：_____ ADSL：_____ Modem：_____ PSTN：_____

WWW：_____ FTP：_____ DNS：_____ E-mail：_____

Web：_____ HTML：_____ HTTP：_____ URL：_____

TCP：_____ SMTP：_____ POP3：_____ IMAP：_____

三、判断题

1. 一台计算机只能安装一块网卡。 （   ）

2. 计算机网络的软件系统由网络操作系统、网络协议、网络管理和应用软件以及大量的数据资源组成。 （   ）

3. 局域网的特点是网络覆盖的范围有限，传输速率高、可靠性高。 （   ）

4. 专用域名中表示教育机构的是 edu。 （   ）

5. 直通双绞线电缆就是线缆两端采用相同的线序，通常都采用 EIA/TIA-568B 标准制作而成。 （   ）

6. 在使用光纤传输中，多模光纤的传输距离较远，而单模光纤的传输距离较近。 （   ）

7. 网络中的主机只要设置了 IP 地址，它们之间就可以相互通信。 （   ）

8. 动态分配 IP 地址是在网络中必须提供 DHCP 服务。 （   ）

9. 在 Internet 中，所有主机的 IP 地址都是唯一的。 （   ）

10. ADSL 技术的下行速率低于上行速率。 （   ）

11. 下载工具软件在下载软件时是不能中断的，否则下载失败，只能从头下载。 （   ）

12. 若需要对用户使用 IE 访问 Internet 的浏览记录进行保护，可以采取删除所有的历史访问记录的方法。 （   ）

13. 使用 E-mail 可以同时把一封信发送给多个收件人。 （   ）

14. 在发送 E-mail 时可以通过附件传送数据文件，并且没有大小限制。 （   ）

四、操作题

  根据学校实际需要，针对某一专题知识搜集制作素材，并加工成知识专题报告。具体要求是：使用 IE 进行网络搜索，将搜索到的网页保存到收藏夹，并下载相应的文字与图片或其他资源，压缩成一个文件用邮件附件形式上传到班级公共邮箱中。

第 3 部分
Word 2010 的使用练习题

一、选择题

1. Word 2010 文档扩展名的默认类型是（　　）。

    A. DOCX   B. DOT   C. WRD   D. TXT

2. 支持中文 Word 2010 运行的软件环境是（　　）。

    A. DOS   B. Office 2007

    C. UCDOS   D. Windows 7

3. Word 2010 默认的纸张大小为＿＿＿＿，纸张页面方向为＿＿＿＿。（　　）

    A. A4，横向   B. A4，纵向

    C. B4，横向   D. B4，纵向

4. 在 Word 2010 中，可以显示页眉与页脚的视图方式是（　　）。

    A. 普通   B. 大纲   C. 页面   D. 全屏幕显示

5. 在 Word 2010 中只能显示水平标尺的是（　　）。

    A. 普通视图   B. 页面视图

    C. 大纲视图   D. 打印预览

6. 在 Word 2010 中，（　　）方式的显示效果和文档打印效果完全相同。

    A. 页面视图   B. 普通视图

    C. 大纲视图   D. Web 版式视图

7. 用户在 Word 2010 中如果希望将文档中的一部分文本内容复制到其他位置或文档中，首先要进行的操作是（　　）。

    A. 选择   B. 复制

    C. 粘贴   D. 剪切

8. 在 Word 2010 编辑状态下，按 Delete 键将会（　　）。

    A. 删除光标前的一个字符   B. 删除光标前的全部字符

    C. 删除光标后的一个字符   D. 删除光标后的全部字符

9. 用户在使用 Word 2010 编辑文档时，在文件每页的顶部需要显示的信息被称为（　　）。

    A. 页码   B. 分页符   C. 页脚   D. 页眉

10. 在 Word 2010 的编辑状态下打开文档 ABC，修改后另存为 ABD，则文档 ABC（　　）。

    A. 被文档 ABD 覆盖   B. 被修改未关闭

    C. 被修改并关闭   D. 未修改被关闭

11. 在 Word 2010 的编辑状态下，要将一个已经编辑好的文档保存到当前文件夹外的另一个指定文件中，正确的操作方法是（ ）。

    A. 单击"文件"按钮选择"保存"命令

    B. 单击"文件"按钮选择"另存为"命令

    C. 选择"文件"按钮选择"退出"命令

    D. 单击"文件"按钮选择"关闭"命令

12. 在 Word 2010 的编辑状态下，为了把不相邻的两段文字交换位置，可以采用的方法（ ）。

    A. 剪切　　　　　　　　　　B. 粘贴

    C. 复制+粘贴　　　　　　　D. 剪切+粘贴

13. 在 Word 2010 的编辑状态下打开了一个文档，对文档进行了修改，进行"关闭"文档操作后（ ）。

    A. 文档被关闭，并自动保存修改后的内容

    B. 文档不能关闭，修改后的内容不能保存

    C. 文档被关闭，修改后的内容不能保存

    D. 弹出对话框，并询问是否保存对文档的修改

14. 在 Word 2010 编辑状态下，用户将鼠标指针停在某行行首左边的文本选择区，鼠标指针变为形状，则选择光标所在行的操作是（ ）。

    A. 单击　　　　　　　　　　B. 双击

    C. 三击　　　　　　　　　　D. 右键单击

15. 在 Word 2010 的"段落"对话框中，用户不能设定文字的（ ）属性。

    A. 缩进方式　　　　　　　　B. 字符间距

    C. 行间距　　　　　　　　　D. 对齐方式

16. 在 Word 2010 的编辑状态，选择了一个段落并设置段落的"首行缩进"为 1 厘米，则（ ）。

    A. 该段落的首行起始位置距离页面的左边距 1 厘米

    B. 文档中各段落的首行只由"首行缩进"确定位置

    C. 该段落的首行起始位置在段落的"左缩进"位置右边的 1 厘米

    D. 该段落的首行起始位置在段落"左缩进"位置左边的 1 厘米

17. 在 Word 2010 的编辑状态，选择了文档全文，若在"段落"对话框中设置行距为 20 磅的格式，应当选择"行距"下拉列表框中的（ ）。

    A. 单倍行距　　　　　　　　B. 1.5 倍行距

    C. 固定值　　　　　　　　　D. 多倍行距

18. 在 Word 2010 的编辑状态下，选择了当前文档中的一个段落，进行"清除"操作（或按 Delete 键），则（ ）。

    A. 该段落被删除且不能恢复

    B. 该段落被删除，但能恢复

    C. 能利用"回收站"恢复被删除的该段落

    D. 该段落被移到"回收站"内

19. 在 Word 2010 的编辑状态下打开了一个文档，进行"保存"操作后，该文档（　　）。
　　A. 被保存在原文件夹下　　　　　B. 可以保存在已有的其他文件夹下
　　C. 可以保存在新建文件夹下　　　D. 保存后文档被关闭

20. 在 Word 2010 的编辑状态下进行"替换"操作时，应当单击（　　）中的按钮。
　　A. "开始"选项卡　　　　　　　　B. "插入"选项卡
　　C. "页面布局"选项卡　　　　　　D. "审阅"选项卡

21. 在 Word 2010 的编辑状态下要设置精确的缩进量，应当使用以下哪种方式（　　）。
　　A. 标尺　　　　　　　　　　　　B. 样式
　　C. 段落格式　　　　　　　　　　D. 页面设置

22. 在 Word 2010 的编辑状态下，在"打印"页面的"设置"选项组中的"打印当前页面"是指打印（　　）。
　　A. 当前光标所在页　　　　　　　B. 当前窗口显示页
　　C. 第 1 页　　　　　　　　　　　D. 最后 1 页

23. 在 Word 2010 的编辑状态下，项目编号的作用是（　　）。
　　A. 为每个标题编号　　　　　　　B. 为每个自然段落编号
　　C. 为每行编号　　　　　　　　　D. 以上都正确

24. 在 Word 2010 的编辑状态下，格式刷可以复制（　　）。
　　A. 段落的格式和内容　　　　　　B. 段落和文字的格式和内容
　　C. 文字的格式和内容　　　　　　D. 段落和文字的格式

25. Word 2010 中的格式刷可用于复制文本和段落的格式，若要将选中的文本或段落格式重复应用多次，应（　　）。
　　A. 单击"格式刷"按钮　　　　　　B. 双击"格式刷"按钮
　　C. 右键单击"格式刷"按钮　　　　D. 拖动"格式刷"按钮

26. 在 Word 2010 的编辑状态下，对已经输入的文档进行分栏操作，需要使用的选项卡是（　　）。
　　A. "开始"选项卡　　　　　　　　B. "插入"选项卡
　　C. "页面布局"选项卡　　　　　　D. "审阅"选项卡

27. 在 Word 2010 的编辑状态下，如果要输入希腊字母 Ω，则需要使用的选项卡是（　　）。
　　A. "开始"选项卡　　　　　　　　B. "插入"选项卡
　　C. "页面布局"选项卡　　　　　　D. "审阅"选项卡

28. 在 Word 2010 中，有的命令右端带有符号"▼"，当执行此命令后屏幕将显示（　　）。
　　A. 常用工具栏　　　　　　　　　B. 帮助信息
　　C. 下拉菜单　　　　　　　　　　D. 对话框

29. 在 Word 2010 中，将整个文档选定的快捷键是（　　）。
　　A. Ctrl + A　　　　B. Ctrl + C　　　　C. Ctrl + V　　　　D. Ctrl + X

30. 关于 Word 2010 的样式，下列选项错误的是（　　）。
　　A. 指一组已经命名的字符和段落格式
　　B. 系统已经提供了多种样式
　　C. 可以保存在模板中供其他文档使用
　　D. 不能自定义样式

31. 在 Word 2010 文档编辑中绘制椭圆时，若按住 Shift 键并向左拖动鼠标，则绘制出一个（　　　）。

    A. 椭圆   B. 以出发点为中心的椭圆

    C. 圆   D. 以出发点为中心的圆

32. 下列关于 Word 2010 表格功能的描述，正确的是（　　　）。

    A. Word 2010 对表格中的数据既不能进行排序，也不能进行计算

    B. Word 2010 对表格中的数据能进行排序，但不能进行计算

    C. Word 2010 对表格中的数据不能进行排序，但可以进行计算

    D. Word 2010 对表格中的数据既能进行排序，也能进行计算

33. 在 Word 2010 中进行打印操作时，假设需使用 B5 大小的纸张，用户在打印预览中发现文档最后一页只有两行内容，（　　　）是把这两行内容移至上一页以节省纸张的最好方法。

    A. 纸张大小改为 A4   B. 添加页眉/页脚

    C. 减小页边距   D. 增大页边距

34. 每年的元旦，某公司要发大量内容相同的信，只是信中的称呼不一样，为了不进行重复的编辑工作，以提高效率，可用（　　　）功能实现。

    A. 邮件合并   B. 书签   C. 信封和选项卡   D. 复制

35. 关于 Word 2010 的功能，下列说法错误的是（　　　）。

    A. 可以进行自定义图文、表格混排，将文本框任意放置

    B. 查找和替换字符串可区分大小写

    C. 用户可以设定文件自动保存时间，且自动保存时间越短越好

    D. 可以不同的比例显示文档

二、填空题

1. Word 2010 中拖动标尺左侧上面的倒三角可设定_____。

2. Word 2010 中拖动标尺左侧下面的小方块可设定_____。

3. Word 2010 中文档中两行之间的间隔叫_____。

4. Word 2010 页边距是_____的距离。

5. Word 2010 中取消最近一次所做的编辑或排版动作，或删除最近一次输入的内容，称为_____。

6. Word 2010 模板的两种基本类型为_____模板和_____模板。

7. 在 Word 2010 中编辑文档时，按_____组合键可完成复制操作。

8. 在 Word 2010 中，要在页面上插入页眉、页脚，应单击_____选项卡中的"页眉"或"页脚"按钮。

9. 在 Word 中，要实现"查找"功能，可按_____组合键。

10. 剪贴板是_____中的一个区域。

11. 在 Word 2010 文字处理的"字号"下拉列表框中，最大磅值是_____磅。Word 能设置的最大字磅值是_____。

12. 在 Word 中按 Ctrl +_____键可以把插入点移到文档尾部。

13. Word 2010 模板文件的文件扩展名为_____。

14. 在普通视图中，只出现_____方向的标尺；页面视图中窗口既显示水平标尺，又显示竖直标尺。

15. 在 Word 2010 环境下，要将一个段落分成两个段落，需要将光标定位在段落分割处，按_____键。

16. 在 Word 中要复制已选定的文本，可以按_____键，同时用鼠标拖动选定文本到指定的位置。

17. 如果要查看文档的页数、字符数、段落数、摘要信息等，要单击"审阅"选项卡中的_____按钮。

18. 样式是一组已命名的_____格式和_____格式的组合。

19. _____是对多篇具有相同格式的文档的格式定义。模板与样式的关系是：模板包含样式，模板有对应的文件；样式有名字但没有对应的文件。

20. 在 Word 2010 中，要体现分栏的实际效果应使用_____视图。

三、判断题

1. 为防止断电丢失新输入的文本内容，应经常单击"文件"按钮，选择"另存为"命令。
（　　　）

2. 移动、复制文本时需先选择文本。（　　　）

3. 在 Word 2010 中，段落的首行缩进就是指段落的第一行向里缩进一定的距离。
（　　　）

4. 在 Word 2010 中，将鼠标指针移动到正文左侧，当鼠标指针变成反向指针时，三击可以选中全文。（　　　）

5. 在 Word 2010 中，使用 Word 的查找功能查找文档中的字符串时，可以同时把所有找到的字符串设置为选定状态。（　　　）

6. 在 Word 2010 中没有恢复操作。（　　　）

7. 在 Word 2010 中设置段落格式时，不能同时设置多个段落的格式。（　　　）

8. 在 Word 2010 中进行页面设置时可以设置装订线的位置。（　　　）

9. 在 Word 编辑状态下，将文档中的某段文字误删除之后将无法恢复。（　　　）

10. 在 Word 编辑状态下，如果对所选的某一段执行了"删除"（或按 Delete 键）操作，则该段落将被移到回收站内。（　　　）

11. 在 Word 的编辑状态下，文档窗口显示水平标尺的视图方式一定是页面视图。
（　　　）

12. 在 Word 的"替换"对话框中，可以同时替换所有找到的字串。（　　　）

13. 在 Word 的字符格式化中，可以把选定的文本设置成上标或下标的效果。（　　　）

14. 在 Word 的字符格式化中，设置字符的缩放是按字符宽和高的百分比来设置的。（　　　）

15. 在 Word 中，单击"保存"命令就是保存当前正在编辑的文档，如果是第一次保存，则会打开"另存为"对话框。（　　　）

16. 在 Word 中，当一页输入满时，需在"插入"选项卡中单击"页码"按钮，增加新页后再输入。（　　　）

17. 在 Word 中，进行文档的页面设置可以在"开始"选项卡的"页面设置"组中进行。
（　　　）

18. 在 Word 中，中文字体和英文字体的设置分别在不同的对话框中进行。（　　　）

19. 在 Word 中不但可以编辑文字，还可以插入图形，编辑表格，直到打印出文稿。（　　）

20. 在 Word 中不能画图，只能插入外部图片。（　　）

21. 在 Word 中进行文本的格式化时，段落的对齐方式可以是靠上、居中和靠下。（　　）

22. 在 Word 中具有自动保存文件的功能。（　　）

23. 在 Word 中输入文字，当遇到键盘上没有的字符时，可以在"插入"选项卡中单击"符号"下拉按钮，从"符号"对话框中查找。（　　）

24. 上页边距和下页边距不包括页眉和页脚。（　　）

25. 在编辑一个旧文档的过程中，单击"保存"按钮，会打开"保存"对话框，从中设置文件的位置、文件名和扩展名。（　　）

四、操作题

使用 Word 2010 制作习题图 3-1 所示的海报。

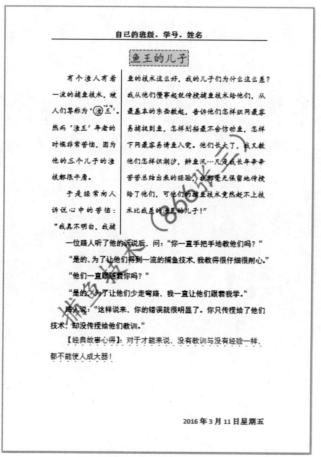

习题图 3-1　操作题样文

具体要求如下。

（1）将标题"鱼王的儿子"居中，字体设置成红色、楷体、二号字，为文字加绿色 1.5 磅虚线边框，黄色底纹。

（2）将除标题的正文的字体设置成黑体四号字，各段设置首行缩进 2 字符。将最后一段字体设置成蓝色，并加着重号。

（3）将正文前两段设置字体为楷体，分为偏左的两栏，并加分隔线。

（4）设置页眉，内容为自己的班级，学号，姓名，并设置字体为四号字。

（5）为文章加水印，水印内容为"捕鱼技术（866 张三）"，并设置为楷体，红色字体。（注意：866 张三为自己的学号后三位和姓名）

（6）将文中第一段的第二个"渔"字设置为带圈字符，并设置为增大圈号，将其后的"王"字加拼音。将这两个字字体颜色设置为深红色。

（7）添加页脚，页脚内容为"日期+星期"，设置字体为四号加粗，颜色为绿色，并要求日期能够自动更新。

一、选择题

1. 在 Excel 2010 工作簿中，至少应含有的工作表个数是（　　）。

    A. 0　　　　　　　　B. 1　　　　　　　　C. 2　　　　　　　　D. 3

2. 在 Excel 2010 公式中，地址引用 E$6 是（　　）引用。

    A. 绝对地址　　　　　　　　　　B. 相对地址

    C. 混合地址　　　　　　　　　　D. 都不是

3. 在 Excel 2010 默认建立的工作簿中，用户对工作表（　　）。

    A. 可以增加或删除　　　　　　　B. 不可以增加或删除

    C. 只能增加　　　　　　　　　　D. 只能删除

4. 在 Excel 2010 中，日期型数据默认的对齐方式为（　　）。

    A. 靠左对齐　　　　　　　　　　B. 靠右对齐

    C. 居中对齐　　　　　　　　　　D. 两端对齐

5. 在 Excel 2010 中，输入的文本数据默认的对齐方式为（　　）。

    A. 靠左对齐　　　　　　　　　　B. 靠右对齐

    C. 居中对齐　　　　　　　　　　D. 两端对齐

6. 在 Excel 2010 中，选定某单元格后单击"复制"按钮，再选中目标单元格后单击"粘贴"按钮，此时被粘贴的是原单元格中的（　　）。

    A. 格式和批注　　　　　　　　　B. 数值和格式

    C. 格式和公式　　　　　　　　　D. 全部

7. 如果 Excel 2010 工作表菜单元格显示为#DIV/O!，这表示（　　）。

    A. 行高不够　　　　　　　　　　B. 列宽不够

    C. 公式错误　　　　　　　　　　D. 格式错误

8. 在 Excel 2010 中进行操作时，发现某个单元格中的数值显示变为"##########"，下列哪种操作能正常显示该数值。（　　）

    A. 重新输入数据　　　　　　　　B. 调整该单元格行高

    C. 设置数字格式　　　　　　　　D. 调整该单元格列宽

9. 用 Delete 键来删除选定单元格数据时，它删除了单元格的（　　）。

    A. 内容　　　　　　　　　　　　B. 格式

    C. 批注　　　　　　　　　　　　D. 全部

10. 利用填充柄对单元格中的公式进行向下复制时，公式中的（　　　）会发生变化。

    A. 相对引用的行号　　　　　　　　B. 相对引用的列号

    C. 绝对引用的行号　　　　　　　　D. 绝对引用的列号

11. 在 Excel 2010 中，下列引用地址为绝对引用地址的是（　　　）。

    A. $D3　　　　　　B. A$6　　　　　　C. F8　　　　　　D. $C$9

12. 在 Excel 中，各类运算符的优先级由高到低顺序为（　　　）。

    A. 数学运算符、比较运算符、字符串运算符

    B. 数学运算符、字符串运算符、比较运算符

    C. 比较运算符、字符串运算符、数学运算符

    D. 字符串运算符、数学运算符、比较运算符

13. 选定工作表全部单元格的方法是：单击工作表的（　　　）。

    A. 列标

    B. 编辑栏中的名称

    C. 行号

    D. 左上角行号和列号交叉处的空白方块

14. Excel 2010 中的文字连接运算符号为（　　　）。

    A. $　　　　　　　B. &　　　　　　　C. %　　　　　　　D. @

15. 在 Excel 2010 中，下面关于分类汇总的叙述正确的是（　　　）。

    A. 分类汇总前必须按关键字段进行排序

    B. 汇总方式只能是求和

    C. 分类汇总的关键字段可以是多个字段

    D. 分类汇总后不能被删除

16. 在单元格中输入（　　　），使该单元格显示 0.5。

    A. 3/6　　　　　　B. "3/6"　　　　　　C. ="3/6"　　　　　　D. =3/6

17. 若在单元格 Bl 的公式中有地址引用为 A$7，将其复制到 F1 单元格后，公式中的地址引用将变为（　　　）。

    A. A$7　　　　　　B. D$11　　　　　　C. F$7　　　　　　D. F$11

18. 在 Excel 2010 中，如果要实现插入式移动单元格，则在对单元格剪切后，在目标单元格处执行（　　　）操作。

    A. "粘贴"下拉菜单中的"选择性粘贴"命令

    B. "粘贴"下拉菜单中的"粘贴链接"命令

    C. 快捷菜单中的"粘贴"命令

    D. 快捷菜单中的"插入剪切的单元格"命令

19. 利用鼠标并配合键盘上的（　　　）键可以同时选取数个不连续的单元格区域。

    A. Ctrl　　　　　　B. Alt　　　　　　C. Shift　　　　　　D. Esc

20. 在 Excel 2010 中，选择连续区域可以用鼠标和（　　　）键配合来实现。

    A. Ctrl　　　　　　B. Alt　　　　　　C. Shift　　　　　　D. Esc

21. 假如单元格 D2 的值为 6，则函数 "=IF(D2 > 8，D2/2，D2*2)" 的结果为（　　　）。

    A. 3　　　　　　B. 6　　　　　　C. 8　　　　　　D. 12

22. 在 Excel 2010 中，按 Ctrl + End 组合键，光标将移动到（　　　）。

　　A. 当前工作表最后一行

　　B. 当前工作表的表头

　　C. 最后一个工作表的表头

　　D. 当前工作表有效区的右下角

23. 在某公式中引用单元格地址 "Sheetl! A2"，其意义为（　　　）。

　　A. Sheetl 为工作簿名，A2 为单元格地址

　　B. Sheetl 为单元格地址，A2 为工作表名

　　C. Sheetl 为工作表名，A2 为单元格地址

　　D. 单元格的行、列标

24. 打印 Excel 2010 工作表时，欲使每页都打印顶端标题行，应在 "页面设置" 对话框的

（　　　）选项卡中操作。

　　A. 页面　　　　　　　　　　B. 页边距

　　C. 页眉/页脚　　　　　　　　D. 工作表

25. 在 Excel 2010 打印表格时，要使该表格在页面中居中，应（　　　）。

　　A. 在 "自定义页边距" 中设置 "居中方式" 为 "水平"

　　B. 选定整个表格，在 "对齐方式" 中选择 "水平对齐" 为 "跨列居中"

　　C. 选定整个表格，单击 "对齐方式" 工具栏组中的 "居中" 按钮

　　D. 以上答案都错

26. 若在 Excel 的 A2 单元中输入公式 "=8^2"，则其显示结果为（　　　）。

　　A. 16　　　　　　　　　　　B. 64

　　C. =8^2　　　　　　　　　　D. 8^2

27. 按填充方向选定两个数值型数据的单元格，则填充按（　　　）填充。

　　A. 等比数列　　　　　　　　B. 等差数列

　　C. 递增顺序　　　　　　　　D. 递减顺序

28. Excel 2010 的自动筛选功能将使（　　　）。

　　A. 满足条件的记录显示出来，而删除掉不满足条件的数据

　　B. 不满足条件的记录暂隐藏起来，只显示满足条件的数据

　　C. 不满足条件的数据用另外一个工作表保存起来

　　D. 满足条件的数据突出显示

29. Excel 2010 的图表类型有多种，其中折线图最适合反映（　　　）。

　　A. 数据之间量与量的大小差异

　　B. 数据之间的对应关系

　　C. 单个数据在所有数据构成的总和中所占的比例

　　D. 数据间量随时间的变化趋势

30. Excel 2010 的图表类型有多种，其中饼图最适合反映（　　　）。

　　A. 数据之间量与量的大小差异

　　B. 数据之间的对应关系

　　C. 单个数据在所有数据构成的总和中所占的比例

　　D. 数据间量随时间的变化趋势

二、填空题

1. 在 Excel 2010 中，工作簿文件的文件扩展名为_____。

2. 启动 Excel 2010，系统默认工作簿的名称为_____，默认建立_____个工作表，工作表的默认名称为_____、_____和_____。

3. 在 Excel 2010 中，被选中的单元格称为_____。

4. 在 Excel 2010 中，被选中单元格的右下角黑点称为_____。

5. 将鼠标指针指向某工作表标签，按 Ctrl 键拖动标签到新位置，则完成_____操作；若拖动过程中不按 Ctrl 键，则完成_____操作。

6. 在对数据进行分类汇总前，必须对数据进行_____操作。

7. 对于 D 列第五行的单元格，其绝对引用地址表示为_____，其相对引用地址表示为_____。

8. 假设 A2 单元格内容为字符 300，A3 单元格内容为数值 5，则函数 COUNT（A2:A3）的值为_____。

9. 在输入日期型数据时，可使用的分隔符是_____、_____。

10. 在 Excel 2010 中，调整最适合的列宽最简便的方法是：先将鼠标指针移到待调整列宽的右边线上，待指针变成左右双向箭头时，_____，系统便会自动调整列宽。

11. 在 Excel 2010 中，"Sheetl!$A$1:$C$10"表示_____。

12. 在 Excel 2010 的函数中，AVERAGE( )表示_____函数，MAX( )表示_____函数。

13. 在 Excel 2010 中，若要输入分数形式的数据 2/3，应直接输入_____。

14. 在高级筛选操作中，设置筛选条件时，具有"_____"关系的多重条件放在同一行，具有"_____"关系的多重条件放在不同行。筛选条件中可以使用通配符"？"和"*"，其中"？"代表_____，"*"代表_____。

15. 通过分类来合并计算数据时，如果数据源区域顶行包含分类标记，则在"合并计算"对话框中选定"_____"复选框；如果数据源区域左列有分类标记，则选定"_____"复选框。

三、判断题

1. 在 Excel 2010 中，只能在单元格内编辑输入的数据。　　　　　　　（　　）

2. 数值型数据默认的对齐方式是右对齐。　　　　　　　　　　　　　（　　）

3. 工作簿是指 Excel 2010 用来存储和处理数据的文件，是存储数据的基本单位。

　　　　　　　　　　　　　　　　　　　　　　　　　　　　　　　　（　　）

4. 单元格的数据格式一旦设定后，不可以再改变。　　　　　　　　　（　　）

5. 数据清单中的第一行称为标题行。　　　　　　　　　　　　　　　（　　）

6. 若针对工作表数据已建立图表，则修改工作表中的数据，其对应的图表会自动完成对应的修改。　　　　　　　　　　　　　　　　　　　　　　　　　　（　　）

7. Excel 2010 会自动调整行的高度以适应行中所用的最大字体的高度。（　　）

8. 在 Excel 2010 中，剪切到剪贴板的数据可以多次粘贴。　　　　　（　　）

9. Excel 2010 每个工作簿只能由一张工作表组成。　　　　　　　　（　　）

10. 在单元格中输入公式表达式时，首先应输入"="。　　　　　　（　　）

11. 单击选定单元格后输入新内容，则原内容将被覆盖。　　　　　（　　）

12. 图表只能和数据放在同一个工作表中。　　　　　　　　　　　　（　　）

13. Excel 2010 工作簿中最多只能包含 3 张工作表。　　　　　　　　（　　）

14. Excel 2010 的分类汇总只具有求和计算功能。　　　　　　　　　（　　）

15. 所谓筛选，就是将满足条件的记录隐藏起来，将不满足条件的记录显示出来。

（　　）

16. 选择两个不相邻的单元格区域的一种方法是：先选择一个区域，再按住 Shift 键，再选择另一个区域。　　　　　　　　　　　　　　　　　　　　　　　（　　）

17. Excel 2010 工作表中单元格的灰色网格打印时不会被打印出来。　（　　）

18. SUM 函数用来对单元格或单元格区域所有数值进行求平均运算。（　　）

19. 在选定单元格区域的右下角有一个小黑点，称为填充柄。　　　　（　　）

20. 如果输入单元格中数据宽度大于单元格的宽度时，单元格将显示为"＃＃＃＃＃＃"。

（　　）

21. 在输入文本数据时，若数据全由数字组成，则应在数字前加一个西文单引号。

（　　）

22. 分类汇总是将经过排序后具有一定规律的数据进行汇总，生成各类汇总报表。

（　　）

23. 工作表中的数据可以以图表形式表现出来，但它的图表类型是不能改变的。

（　　）

24. Excel 2010 中填充柄的主要作用是设置工作簿的背景。　　　　　（　　）

25. 在 Excel 2010 中，用户可以根据一列或数列中的数值对数据清单进行排序。

（　　）

26. 当 Excel 2010 函数中使用多个参数时，参数之间用分号隔开。　（　　）

27. Excel 2010 中的删除操作只能将单元格的内容删除，而单元格本身仍然存在。

（　　）

28. 设置单元格的数据格式将更改其显示格式及数据本身。　　　　　（　　）

29. 数据透视表用于对数据进行快速分类汇总，生成交互式表格，以便从不同的层次和角度对数据进行分析。　　　　　　　　　　　　　　　　　　　　　（　　）

30. 每个单元格都有一个地址，由其所在的行号和列号组成。　　　　（　　）

四、操作题

1. 建立本专业的往届毕业生就业情况调查报表，其操作要求如下。

（1）包含编号、毕业班级、姓名、性别、年龄、工作单位、职务、手机号、月平均工资等信息。

（2）报表表格要加边框（线型自拟）。

（3）报表表格要适当地添加底纹（方式、颜色自拟）。

（4）设置顶端打印标题。

（5）设置页眉与页脚（内容自拟）。

（6）页面水平居中、页边距自拟。

（7）报表标题用艺术字（样式自拟）。

（8）字体、字号自选。

2. 统计应届毕业生的综合成绩榜单，确定就业推荐名次。

（1）根据学校具体情况，制作两个学年共 4 个学期的成绩表（学习成绩、操行成绩、综合评定成绩）。

（2）对 4 个学期的成绩表进行合并汇总，计算总成绩和名次。

（3）针对不同班级进行数据统计分析（汇总结果、图表）。

第 5 部分
PowerPoint 2010 的
使用练习题

一、选择题

1. 启动 PowerPoint 2010 的正确操作方法是（　　　）。

　A. 执行"开始"→"所有程序"→"Microsoft Office"→"Microsoft PowerPoint 2010"命令

　B. 执行"开始"→"查找"→"Microsoft Office"→"Microsoft PowerPoint 2010"命令

　C. 执行"开始"→"所有程序"→"Microsoft PowerPoint 2010"命令

　D. 执行"开始"→"设置"→"Microsoft PowerPoint 2010"命令

2. 在 PowerPoint 2010 中，在磁盘上保存的演示文稿的文件扩展名是（　　　）。

　A. .potx 　　　　　　　　　　　B. .pptx

　C. .dotx 　　　　　　　　　　　D. .ppa

3. 在 PowerPoint 2010 中，将演示文稿打包为可播放的演示文稿后，文件类型为（　　　）。

　A. .pptx 　　　　　　　　　　　B. .ppzx

　C. .pspx 　　　　　　　　　　　D. .ppsx

4. 在 PowerPoint 2010 中，窗口的视图切换按钮有（　　　）。

　A. 4 个 　　　　　　　　　　　B. 5 个

　C. 6 个 　　　　　　　　　　　D. 3 个

5. 在 PowerPoint 2010 中，在当前幻灯片中添加动作按钮是为了（　　　）。

　A. 增加幻灯片文稿中内部幻灯片中转的功能

　B. 让幻灯片中出现真正的动画

　C. 设置交互式的幻灯片，使得观众可以控制幻灯片的放映

　D. 让演示方式中所有幻灯片有一个统一的外观

6. 在 PowerPoint 2010 中，18 号字体比 8 号字体（　　　）。

　A. 大 　　　　　　　　　　　　B. 小

　C. 有时大，有时小 　　　　　　D. 一样

7. 在 PowerPoint 2010 中的"幻灯片浏览"视图中不可以进行的操作是（　　　）。

　A. 删除幻灯片 　　　　　　　　B. 移动幻灯片

　C. 编辑幻灯片内容 　　　　　　D. 设置幻灯片的放映方式

8. 在 PowerPoint 2010 的"幻灯片浏览"视图中，用鼠标拖动复制幻灯片时，要同时按住（　　　）。

　A. Delete 键 　　　B. Ctrl 键 　　　　C. Shift 键 　　　　　　D. Esc 键

9. 对于演示文稿的描述正确的是（　　）。

　　A. 演示文稿中的幻灯片版式必须一样

　　B. 使用模板可以为幻灯片设置统一的外观式样

　　C. 只能在窗口中同时打开一份演示稿

　　D. 可以使用"文件"按钮中的"新建"命令为演示文稿添加幻灯片

10. 在 PowerPoint 2010 中，可以改变幻灯片顺序的视图是（　　）。

　　A. 普通　　　　　　　　　　B. 幻灯片浏览

　　C. 幻灯片放映　　　　　　　D. 备注页

11. 在 PowerPoint 2010 中，可以修改幻灯片内容的视图是（　　）。

　　A. 普通　　　　　　　　　　B. 幻灯片浏览

　　C. 幻灯片放映　　　　　　　D. 备注页

12. 在 PowerPoint 2010 中，若要设置幻灯片切换时采用特殊效果，可以使用（　　）。

　　A. "设计"选项卡中的命令按钮

　　B. "视图"选项卡中的命令按钮

　　C. "动画"选项卡中的命令按钮

　　D. "幻灯片放映"选项卡中的命令按钮

13. PowerPoint 2010 不能实现的功能是（　　）。

　　A. 文字编辑　　　　　　　　B. 绘制图形

　　C. 创建图表　　　　　　　　D. 数据分析

14. PowerPoint 2010 是（　　）。

　　A. 信息管理软件　　　　　　B. 通用电子表格软件

　　C. 演示文稿制作软件　　　　D. 图形文字出版物制作软件

15. 下列说法正确的是（　　）。

　　A. 在幻灯片中插入的声音用一个小喇叭图标表示

　　B. 在 PowerPoint 中可以录制声音

　　C. 在幻灯片中插入播放 CD 曲目时，显示为一个小唱盘图标

　　D. 以上 3 种说法都正确

16. 在 PowerPoint 2010 中，如果要对多张幻灯片进行同样的外观修改，那么（　　）。

　　A. 必须对每张幻灯片进行修改

　　B. 只需要在幻灯片母版上做一次修改

　　C. 只需要更改标题母版的版式

　　D. 没法修改，只能重新制作

17. 在 PowerPoint 2010 中，为当前幻灯片的标题文本占位符添加边框线，首先要（　　）。

　　A. 使用"颜色和线条"命令　　B. 选中标题文本占位符

　　C. 切换至标题母版　　　　　D. 切换至幻灯片母版

18. 在 PowerPoint 2010 中，下列说法正确的是（　　）。

　　A. 一个对象一次可以使用多种动画效果

　　B. 动画序号按钮只是显示动画播放顺序，不能用来更改动画播放顺序

　　C. 每个对象都可以设置随机动画效果

　　D. 以上全部错误

19. 在编辑演示文稿时，要在幻灯片中插入表格、剪贴画或照片等图形，应在以下哪种视图中进行？（　　）

    A. 备注页视图　　　　　　　　B. 幻灯片浏览视图

    C. 幻灯片放映视图　　　　　　D. 普通视图

20. 放映幻灯片有多种方法，在默认状态下，以下方法中可以不从第一张幻灯片开始放映的是（　　）。

    A. 单击"幻灯片放映"选项卡中的"从头开始"按钮

    B. 单击状态栏上的"幻灯片放映"按钮

    C. 单击"视图"选项卡中的"幻灯片放映"按钮

    D. 按快捷键 F5

21. 在 PowerPoint 2010 中，打印幻灯片时选择打印内容为讲义，最多可以设置每页的幻灯片数为（　　）。

    A. 1　　　　　　B. 2　　　　　　C. 6　　　　　　D. 9

22. （　　）不是合法的打印设置选项。

    A. 幻灯片　　　　　　　　　　B. 备注页

    C. 讲义　　　　　　　　　　　D. 幻灯片浏览

23. 在 PowerPoint 2010 的幻灯片母版中一般都包含的占位符是（　　）。

    A. 标题占位符　　　　　　　　B. 文本占位符

    C. 图标占位符　　　　　　　　D. 页脚占位符

24. 在 PowerPoint 2010 幻灯片放映过程中，要回到上一张幻灯片，不可进行的操作是（　　）。

    A. 按 P 键　　　　　　　　　　B. 按 PgUp 键

    C. 按 Backspace 键　　　　　　D. 按 Space 键

25. 在 PowerPoint 2010 中不可以在"字体"对话框中进行设置的是（　　）。

    A. 文字颜色　　　　　　　　　B. 文字对齐方式

    C. 文字大小　　　　　　　　　D. 文字字体

二、填空题

1. 在 PowerPoint 中，可以对幻灯片进行移动、删除、复制、设置动画效果，但不能对单独的幻灯片的内容进行编辑的视图是_____。

2. 在 PowerPoint 中，创建演示文稿最简单的方法是采用_____方法。

3. 在 PowerPoint 中的"幻灯片浏览"视图下，按住 Ctrl 键并拖动某幻灯片，可以完成_____操作。

4. 在 PowerPoint 中，在一个演示文稿中_____同时使用不同的模板。

5. 在 PowerPoint 中，如果希望在放映过程中退出幻灯片放映，则随时可以按下的终止键是_____。

6. PowerPoint 的"大纲"视图主要用于_____。

7. 对于多个打开的演示文稿窗口，"页面设置"命令只对_____的演示文稿进行格式设置。

8. PowerPoint 2010 模板的扩展名为_____。

9. PowerPoint 模板与母版的关系是_____。

10. 幻灯片放映的快捷键是_____。

11. 在 PowerPoint 2010 中，幻灯片放映时切换的速度分别为_____、_____和_____。

12. 在 PowerPoint 2010 中，若要选择演示文稿中指定的幻灯片进行播放，可以单击"幻灯片放映"选项卡中的_____按钮。

13. PowerPoint 2010 窗口标题栏的右侧有三个按钮，分别是_____、_____、和_____按钮。

14. 在 PowerPoint 2010 中，删除演示文稿中的一张幻灯片的方法可以是：单击要删除的幻灯片，再按下_____键，即可删除该张幻灯片。

15. 在 PowerPoint 2010 中，在_____和_____视图下可以改变幻灯片的顺序。

16. 在 PowerPoint 2010 中，幻灯片切换默认的方式是_____切换到下一张幻灯片。

17. 在 PowerPoint 2010 中，可以为文本、图形等对象设置动画效果，以突出重点或增加演示文稿的趣味性，设置动画效果可以单击_____选项卡中的"自定义动画"命令按钮。

18. 在 PowerPoint 2010 中，若要改变文本的字体，应使用_____选项卡。

19. 在幻灯片放映时，从一张幻灯片过渡到下一张幻灯片称为_____。

三、判断题

1. 在 PowerPoint 中，只有在"普通视图"中才能插入新幻灯片。   （   ）

2. 在 PowerPoint 中，文本、图片和表格在幻灯片中都可以作为添加动画的对象。

（   ）

3. PowerPoint 提供的母版只有幻灯片母版、标题母版、讲义母版 3 种。   （   ）

4. 幻灯片放映的 3 种方式是演讲者放映、观众自行浏览和在展台游览。   （   ）

5. 在幻灯片放映的过程中，绘图笔的颜色可以根据自己的喜好进行选择。   （   ）

6. PowerPoint 模板可以为幻灯片设置统一的外观样式。   （   ）

7. 演示文稿中的幻灯片版式必须一样。   （   ）

8. 在 PowerPoint 中，可以控制幻灯片外观的方法有：设计模板、母版、配色方案、幻灯片版式。   （   ）

9. 关闭所有演示文稿后会自动退出 PowerPoint 窗口。   （   ）

10. 在 PowerPoint 中放映幻灯片时，按 Esc 键可以结束幻灯片放映。   （   ）

11. 在 PowerPoint 中不能设置对象出现的先后顺序。   （   ）

12. 在 PowerPoint 中，横排文本框和竖排文本框可以方便转换。   （   ）

13. 在 PowerPoint "大纲视图"模式下，不能显示幻灯片中插入的图片对象。 （   ）

14. 在 PowerPoint "大纲视图"模式下，不可以对幻灯片内容进行编辑。   （   ）

15. 在"幻灯片浏览"视图方式中，可以通过拖动幻灯片的方法改变幻灯片的排列次序。

（   ）

16. 在 PowerPoint 中，后插入的图形只能覆盖先前插入的图形上，这种层叠关系是不能改变的。   （   ）

17. 幻灯片放映时不显示备注页下添加的备注内容。   （   ）

18. 在"幻灯片浏览"视图中能够方便地实现幻灯片的插入和复制。   （   ）

19. 在备注与讲义里可使用的页眉和页脚选项包括日期、时间和幻灯片编号等。

（   ）

20. 在 PowerPoint 中，如果要对文稿中多张幻灯片进行同样的外观修改，只需要在幻灯片母版上进行一次修改。 （　　）

四、操作题

制作毕业论文答辩的演示文稿，简单介绍论文题目、研究目的和意义、研究方法与过程、功能实现与应用、存在的问题和结论等内容，可以参照习题图 5-1 的样文制作。

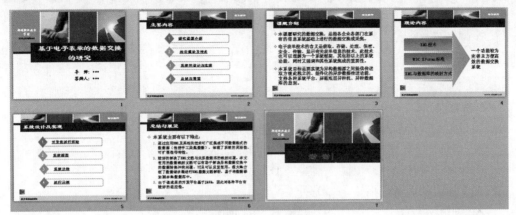

习题图 5-1　操作题样文

具体要求如下。

（1）确定合适的模板，毕业论文演示文稿要求模板清晰、简洁，在素材中有下载的主题，可以应用到演示文稿中，也可以自己选择合适的主题模板。

（2）根据论文展示内容的需要为每张幻灯片选择适当的版式，插入文本框、自选图形，从而更有效地体现论文内容的讲解。

（3）设置字体、字号、文字颜色、段落格式，插入图片和艺术字，使文稿更加美观。

（4）设置恰当的动画效果，从而使演示过程更生动。

（5）为第二张幻灯片（论文框架）下边的文字设置超链接，能链接到内容相对应的幻灯片。

第 6 部分
计算机安全与维护练习题

一、选择题

1. 保证信息安全最基本、最核心的技术性措施是（　　　）。

　　A. 信息加密技术　　　　　　　　B. 信息确认技术

　　C. 网络控制技术　　　　　　　　D. 反病毒技术

2. 通常所说的病毒是指（　　　）。

　　A. 细菌感染　　　　　　　　　　B. 生物病毒感染

　　C. 被破坏的程序　　　　　　　　D. 特制的、具有破坏性的程序

3. 对于已感染了病毒的软盘，最彻底的清除病毒的方法是（　　　）。

　　A. 用酒精将软盘消毒　　　　　　B. 把软盘放进高压锅里煮

　　C. 将感染病毒程序全部删除　　　D. 对软盘进行格式化

4. 计算机病毒造成的危害是（　　　）。

　　A. 使磁盘发霉　　　　　　　　　B. 破坏计算机系统

　　C. 使计算机内存芯片损坏　　　　D. 使计算机系统突然断电

5. 计算机病毒的危害性表现在（　　　）。

　　A. 能造成计算机器件永久性失效

　　B. 影响程序的执行，破坏用户数据和程序

　　C. 不影响计算机的运行速度

　　D. 不影响计算机的运算结果，不必采取任何措施

6. 下列有关计算机病毒分类的说法，正确的是（　　　）。

　　A. 病毒分为 12 类　　　　　　　B. 病毒分为操作系统型和文件型

　　C. 没有病毒分类之说　　　　　　D. 病毒分为外壳型和入侵型

7. 计算机病毒对于操作计算机的人，（　　　）。

　　A. 只会感染，不会致病　　　　　B. 会感染，会致病

　　C. 不会感染　　　　　　　　　　D. 会有厄运

8. 不能防止计算机病毒的措施是（　　　）。

　　A. 软盘未写保护

　　B. 先用杀毒软件将从其他机器上复制的文件清查病毒

　　C. 不使用来历不明的磁盘

　　D. 经常关注防病毒软件的版本升级情况，并尽量使用最高版本的防病毒软件

9. 防病毒卡能够（　　　）。

　　A. 杜绝病毒对计算机造成侵害

　　B. 发现病毒入侵迹象并及时阻止或提醒用户

　　C. 自动消除已感染的所有病毒

　　D. 自动发现并阻止病毒的入侵

10. 计算机病毒主要造成（　　　）损坏。

　　A. 磁盘　　　　　　　　　　B. 磁盘驱动器

　　C. 磁盘及其中的程序和数据　　D. 程序和数据

11. 文件型病毒感染的对象主要是（　　　）。

　　A. DBF　　　　　B. PRG　　　　　C. COM 和 EXE　　　　D. DOC

12. 文件被病毒感染后，其呈现的基本特征是（　　　）。

　　A. 文件不能被执行　　　　　B. 文件长度变短

　　C. 文件长度加长　　　　　　D. 文件能照常运行

13. 在计算机网络应用中，有意制造和传播计算机病毒是一种（　　　）行为。

　　A. 不规范的　　　　　　　　B. 违法的

　　C. 不道德的　　　　　　　　D. 失职的

14. 在计算机网络应用中，数据传输的可靠性可以用（　　　）测评。

　　A. 传输速率　　　　　　　　B. 频带利用率

　　C. 信息容量　　　　　　　　D. 误码率

15. 以下特性中，不属于计算机病毒特征的是（　　　）。

　　A. 传染性　　　　　　　　　B. 隐蔽性

　　C. 长期性　　　　　　　　　D. 潜伏性

16. 计算机病毒可以使计算机（　　　）。

　　A. 过热　　　　　　　　　　B. 自动开机

　　C. 耗电量增加　　　　　　　D. 丢失数据

17. 密码发送型特洛伊木马程序将窃取的密码发送到（　　　）。

　　A. 电子邮件　　　　　　　　B. 电子邮箱

　　C. 邮局　　　　　　　　　　D. 网站

18. 设置网上银行密码的安全原则是（　　　）。

　　A. 使用有意义的英文单词　　B. 使用姓名缩写

　　C. 使用电话号码　　　　　　D. 使用字母和数字的混合

19. 以下不属于网络安全防范措施的是（　　　）。

　　A. 安装个人防火墙　　　　　B. 设置 IP 地址

　　C. 合理设置密码　　　　　　D. 下载软件后，先杀毒再使用

20. 以下属于计算机犯罪的是（　　　）。

　　A. 非法截取信息

　　B. 复制与传播计算机病毒、禁播影像制品和其他非法活动

　　C. 借助计算机技术伪造或篡改信息、进行诈骗及其他非法活动

　　D. 以上皆是

21. 网络信息系统常见的不安全因素包括（　　）。
　　A. 设备故障　　　　　　　　B. 拒绝服务
　　C. 篡改数据　　　　　　　　D. 以上皆是
22. 以下可实现身份验证的是（　　）。
　　A. 口令　　　　　　　　　　B. 智能卡
　　C. 视网膜　　　　　　　　　D. 以上皆是
23. 计算机安全包括（　　）。
　　A. 操作安全　　　　　　　　B. 物理安全
　　C. 病毒防护　　　　　　　　D. 以上皆是
24. 下列关于网络病毒的描述中，错误的是（　　）。
　　A. 网络病毒不会对数据传输造成影响
　　B. 与单机病毒相比，网络病毒加快了病毒传播的速度
　　C. 传播媒体是网络
　　D. 可通过电子邮件传播
25. 计算机病毒（　　）。
　　A. 是生产计算机硬件时不经意间产生的
　　B. 是人为制造的
　　C. 都必须清除才能使用计算机
　　D. 都是人们无意中制造的

二、填空题

1. 防火墙的＿＿＿＿＿功能用来记录它所监听到的一切事件。
2. 在已经发现的计算机病毒中，＿＿＿＿＿病毒可以破坏计算机的主板，使计算机无法正常工作。
3. 计算机病毒具有＿＿＿＿＿、潜伏性和破坏性这 3 个特点。
4. 计算机病毒可以分为引导型病毒和＿＿＿＿＿病毒两类。
5. 引导型病毒通常位于＿＿＿＿＿扇区中。
6. 感染文件型病毒后系统的基本特征是＿＿＿＿＿。
7. 计算机病毒是＿＿＿＿＿。
8. 计算机病毒实际上是一种特殊的＿＿＿＿＿。
9. 计算机病毒传染性的主要作用是将病毒程序进行＿＿＿＿＿。
10. ＿＿＿＿＿程序通过分布式网络来传播特定的信息或错误，进而造成网络服务遭到拒绝并发生死锁。
11. 信息的安全是指信息在存储、处理和传输状态下均能保证其＿＿＿＿、＿＿＿＿和＿＿＿＿。
12. 实现数据动态冗余存储的技术有＿＿＿＿、＿＿＿＿和＿＿＿＿。
13. 数字签名的主要特点有＿＿＿＿、＿＿＿＿和＿＿＿＿。
14. 防火墙位于＿＿＿＿和＿＿＿＿之间，实施对网络的保护。
15. 常用的防火墙有＿＿＿＿防火墙和＿＿＿＿防火墙。
16. ＿＿＿＿防火墙是网络安全最基本的技术。
17. 操作系统安全一般分为两部分：＿＿＿＿和＿＿＿＿。
18. 清除病毒一般采用＿＿＿＿和＿＿＿＿的方法。

19. 计算机病毒的特征有_____、_____、_____、_____、针对性、隐蔽性和衍生性。

三、判断题

1. 不得在网络上公布国家机密文件和资料。 （ ）
2. 电子商务发展迅猛，但困扰它的最大问题是安全性。 （ ）
3. 用户的通信自由和通信秘密受到法律保护。 （ ）
4. 在网络安全方面给企业造成最大财政损失的安全问题是黑客。 （ ）
5. 计算机病毒可通过网络、软盘、光盘等各种媒体传染，有的病毒还会自我复制。
 （ ）
6. 远程登录就是允许用自己的计算机通过 Internet 连接到很远的另一台计算机上，利用本地键盘操作他人的计算机。 （ ）
7. 各级党政机关存储国家秘密文件和资料的计算机系统必须与互联网彻底断开。
 （ ）
8. 用杀毒软件对计算机进行检查，报告结果称没有病毒，说明这台计算机中一定没有病毒。 （ ）
9. 在网络上发布和传播病毒只受道义上的制约。 （ ）
10. 当机器出现一些原因不明的故障时，可通过 Windows 的安全模式重新启动计算机，便可更改系统错误。 （ ）
11. 当发现计算机病毒时，它们往往已经对计算机系统造成了不同程度的破坏，即使清除了病毒，遭受破坏的内容有时也不可恢复。因此，对计算机病毒必须以防范为主。（ ）
12. 计算机病毒只会破坏磁盘上的数据和文件。 （ ）
13. 计算机病毒是指能够自我复制和传播、占据系统资源、破坏计算机正常运行的特殊程序块或程序集合体。 （ ）
14. 通常所说的黑客和计算机病毒是一回事。 （ ）
15. 计算机病毒不会破坏磁盘上的数据和文件。 （ ）
16. 造成计算机不能正常工作的原因若不是硬件故障，就是计算机病毒。 （ ）
17. 用防病毒软件可以清除所有的病毒。 （ ）
18. 计算机病毒的传染和破坏主要是动态进行的。 （ ）
19. 防病毒卡是一种硬件化的防病毒程序。 （ ）

四、操作题

1. 在自己的计算机上进行杀毒软件的安装练习。
2. 对 U 盘或硬盘中指定的文件夹进行查杀病毒练习。
（1）按照文件类型进行查杀病毒练习。
（2）利用定制任务设置功能，将杀毒软件设置为定时扫描，扫描频率为每周一次。
（3）对计算机系统进行及时升级。

第 3 篇　测试篇

➲ 第 1 部分　模拟测试卷 1
➲ 第 2 部分　模拟测试卷 2
➲ 第 3 部分　模拟测试卷 3

第 1 部分
模拟测试卷 1

一、选择题

1. 从第一代计算机到第四代计算机的体系结构都是相同的，这种体系结构称为（　　）。

    A. 艾兰·图灵　　　　　　　　　　B. 冯·诺依曼

    C. 比尔·盖茨　　　　　　　　　　D. 罗伯特·诺依斯

2. 第三代电子计算机使用的电子器件是（　　）。

    A. 电子管　　　　　　　　　　　　B. 晶体管

    C. 集成电路　　　　　　　　　　　D. 超大规模集成电路

3. 计算机硬件系统中最核心的部件是（　　）。

    A. 内存储器　　　　　　　　　　　B. 输入/输出设备

    C. 硬盘　　　　　　　　　　　　　D. CPU

4. 断电会使存储数据丢失的存储器是（　　）。

    A. RAM　　　　　　　　　　　　　B. 硬盘

    C. ROM　　　　　　　　　　　　　D. 软盘

5. 计算机的性能主要取决于（　　）。

    A. 硬盘容量、内存容量、键盘

    B. 运算速度、存储器指标和 I/O 速度

    C. 显示器分辨率、打印机的配置

    D. 操作系统、系统软件、应用软件

6. 下列各进制数中最小的是（　　）。

    A. $(1011100)_B$　　　　　　　　　B. $(135)_O$

    C. $(54)_H$　　　　　　　　　　　D. $(94)_D$

7. 在 Windows 中删除某程序的快捷方式图标，表示（　　）。

    A. 既删除了图标，又删除了程序

    B. 隐藏了图标，删除了与该程序的联系

    C. 将图标存于剪贴板，同时删除了与该程序的联系

    D. 只删除了图标，而没有删除程序

8. 在 Windows 中，"复制"命令的快捷键是（　　）。

    A. Ctrl + A　　　　　　　　　　　B. Ctrl + C

    C. Ctrl + V　　　　　　　　　　　D. Ctrl + Z

9. 在 Word 中要预览打印效果，可以通过（ ）实现。

    A. 页面视图   B. 打印预览

    C. 普通视图   D. 打印

10. 在 Excel 工作表中，第 11 行第 14 列单元格的地址可表示为（ ）。

    A. N10   B. M10

    C. N11   D. M11

11. PowerPoint 是 Microsoft Office 组件之一，它的作用是（ ）。

    A. 文字处理   B. 电子表格

    C. 演示文稿   D. 处理数据

12. 不属于多媒体技术特点的是（ ）。

    A. 多样性   B. 集成性

    C. 交互性   D. 任意性

13. LAN 通常是指（ ）。

    A. 广域网   B. 资源子网

    C. 城域网   D. 局域网

14. OSI 参考模型的结构一共分为（ ）。

    A. 7 层   B. 6 层

    C. 5 层   D. 4 层

15. 为了能在 Internet 上正确地通信，每台网络设备和主机都分配了唯一的地址，该地址由数字并用小数点分隔开，它称为（ ）。

    A. TCP 地址   B. IP 地址

    C. WWW 客户机地址   D. WWW 服务器地址

16. Internet 是（ ）类型的网络。

    A. 局域网   B. 城域网

    C. 广域网   D. 企业网

17. Photoshop 是一款（ ）软件。

    A. 杀毒软件   B. 三维设计软件

    C. 网页制作软件   D. 图像处理软件

18. 下列域名中，属于教育机构的是（ ）。

    A. www.hnhy.edu.cn   B. ftp.cnc.ac.cn

    C. www.cnnic.net.cn   D. www.ioa.ca.cn

19. 计算机网络按其覆盖的范围，可划分为（ ）。

    A. 星状结构、环状结构和总线结构

    B. 局域网、城域网和广域网

    C. 以太网和移动通信网

    D. 电路交换网和分组交换网

20. 计算机病毒是一种（ ）。

    A. 微生物   B. 图标

    C. 程序   D. 化学感染

21. 办公自动化系统是指（　　　　）。

    A. Office 软件

    B. 支持单位综合业务的集成化人机交互系统

    C. 操作系统

    D. 局域网络

22. 以下关于格式刷的说法不正确的是（　　　　）。

    A. 要使文字或段落具有相同的设置，必须使用格式刷

    B. 单击一次格式刷按钮，只能使用一次，刷完格式后就变为箭头形式

    C. 双击格式刷按钮，可反复多次使用该格式刷进行多次格式复制

    D. 双击格式刷按钮，只能再单击格式刷按钮才能结束格式复制

23. 在 Word 的表格中，删除一列的操作是（　　　　）。

    A. 可以选中列，按 Delete 键

    B. 可以选中列，执行"编辑"菜单中的"剪切"命令

    C. 可以选中列，执行"编辑"菜单中的"删除"命令

    D. 插入点置于该列的任一单元格内，执行"表格"菜单中的"删除列"命令

24. 在 Excel 中若选取不连续的单元格区域，应先按住（　　　　）键，然后单击所需要的单元格或者选定相邻单元格区域。

    A. Alt   B. Tab   C. Shift   D. Ctrl

25. 关于 Excel 的数据筛选，下列说法正确的是（　　　　）。

    A. 筛选后的表格中只含有符合筛选条件的行，其他行被删除

    B. 筛选后的表格中只含有符合筛选条件的行，其他行被隐藏

    C. 筛选条件只能是一个固定的值

    D. 筛选条件不能由用户自定义，只能由系统确定

26. 在 Excel 中，下列地址为绝对引用的是（　　　　）。

    A. F\$2   B. \$F2   C. \$F\$2   D. F2

27. 在 Excel 中，公式输入必须以下列哪个符号开头（　　　　）。

    A. （   B. ）   C. =   D. "

28. 幻灯片的视图方式有（　　　　）种。

    A. 4   B. 5   C. 6   D. 7

29. 目前 IP 地址的编码采用固定的（　　　　）位的二进制地址格式。

    A. 8   B. 16   C. 32   D. 64

30. 电子邮件地址由@分隔成两部分，其中@符号前为（　　　　）。

    A. 本机域名   B. 用户名   C. 机器名   D. 密码

二、填空题

1. 一台计算机主要由_____和_____两大系统组成。

2. 在计算机内部使用的是_____进制的数据形式。

3. 在 Word 中有 4 种视图方式，分别为_____、_____、_____和_____。

4. Excel 文件的扩展名为_____。

5. _____是当今世界上最大的计算机网络通信系统。

6. Internet 使用_____协议组，负责网上信息的传输和将传输的信息转换成用户能识别

的信息。

7. 在 Word 中按_____键可以开始一个新的段落；按_____键可以删除插入点右边的字符；按_____键可以删除插入点左边的字符。

8. 用户名为 yuanyi，连接服务商主机名为 hnhy.edu.cn，则其 E-mail 地址为_____。

9. 计算机网络常用的基本拓扑结构有_____、_____、_____等。

10. 剪切、复制、粘贴的快捷键分别为_____、_____和_____。

11. 在 Word 中某一段落内双击鼠标可以实现_____。

12. Word 中制作表格的方法有两种：插入表格和_____。

13. Excel 对数据表中的数据分类汇总前应该对数据库按照汇总字段进行_____。

14. 在 PowerPoint 中，_____是将文本、字符、图形等对象与一个幻灯片、演示文稿、一个文稿等之间建立一种链接关系。

15. 办公自动化一般可以分为事务处理型、管理控制型和_____。

16. 计算机的软件系统由系统软件和_____组成。

17. Excel 的活动单元格在第八行 E 列，则该单元格的名称框显示为_____。

18. 在 PowerPoint 中进行文档保存时，系统默认的文件类型为_____。

19. 计算机网络上每一台计算机必须指定一个唯一的_____地址。

20. 单击网页中的_____可以转到其他网页进行浏览。

三、判断题

1. 在 Excel 中，如果输入单元格中的数据宽度大于单元格的宽度，单元格将显示为"＃＃＃＃＃＃＃"。　　　　　　　　　　　　　　　　　　　　　　　　　（　　）

2. 单元格中输入分数 1/2 时，可直接输入 1/2。　　　　　　　　　　（　　）

3. PowerPoint 中的文字、图片无法添加动画效果。　　　　　　　　（　　）

4. 关闭当前窗口可以按 Alt+F8 组合键。　　　　　　　　　　　　　（　　）

5. 强制关机、移动、插拔计算机硬件等对计算机没有危害。　　　　（　　）

6. 目前办公活动存在两种模式：个人办公和群体办公。　　　　　　（　　）

7. 在文档编辑中，从广义上来讲，在任何操作之前都必须对文本进行选定。　（　　）

8. Word 中的自动更正能更正输入中的任何错误。　　　　　　　　　（　　）

9. 在 Excel 中一次只能添加一个工作表。　　　　　　　　　　　　　（　　）

10. 单元格是 Excel 工作表的基本元素和最小的独立单位。　　　　　（　　）

11. 在演示文稿中不能直接插入图表，必须在 Word 或 Excel 中先制作好，并复制粘贴过来。　　　　　　　　　　　　　　　　　　　　　　　　　　　（　　）

12. IP 地址只能表示为十进制形式。　　　　　　　　　　　　　　　（　　）

13. 按照规模和覆盖范围网络可分为局域网、广域网和城域网三种。　（　　）

14. 在 Excel 中进行排序时，无论是递增还是递减排序，空白单元格总是排在最后。　　　　　　　　　　　　　　　　　　　　　　　　　　　　（　　）

15. 当 Excel 公式中单元格内容的数据变化时，公式会自动计算相应的结果。（　　）

四、简答题

1. 什么是计算机网络?

2. 简述怎样有效地防治计算机病毒。

3. 简述文档处理的操作流程以及各个步骤的主要工作。

第 2 部分 模拟测试卷 2

一、选择题

1. 第四代计算机的主要元器件采用的是（　　）。
   - A. 小规模集成电路
   - B. 晶体管
   - C. 电子管
   - D. 大规模和超大规模集成电路

2. 计算机中数据的表现形式是（　　）。
   - A. 八进制
   - B. 十进制
   - C. 二进制
   - D. 十六进制

3. 计算机能够直接执行的计算机语言是（　　）。
   - A. 高级语言
   - B. 符号语言
   - C. 汇编语言
   - D. 机器语言

4. WPS 和 Word 等字处理软件属于（　　）。
   - A. 网络软件
   - B. 管理软件
   - C. 应用软件
   - D. 系统软件

5. 在 Word 中，将鼠标指针移到文档左侧的选定区并要选定整个文档，鼠标的操作是（　　）。
   - A. 单击右键
   - B. 单击左键
   - C. 双击左键
   - D. 三击左键

6. 在 Word 的编辑状态下，对已经输入的文档进行分栏操作，需要使用的菜单命令是（　　）。
   - A. 视图
   - B. 编辑
   - C. 格式
   - D. 工具

7. 按网络规模的大小划分，下列类型中不属于该划分方法的是（　　）。
   - A. 局域网
   - B. 无线网
   - C. 城域网
   - D. 广域网

8. 电子邮件地址由两部分组成，用@分开，其中@前为（　　）。
   - A. 用户名
   - B. 密码
   - C. 本机域名
   - D. 机器名

9. 在 PowerPoint 中，不能修改和编辑幻灯片的视图方式是（　　）。
   - A. 大纲视图
   - B. 幻灯片浏览视图
   - C. 普通视图
   - D. 幻灯片放映视图

10. 在 Excel 中，默认状态下单元格内文字的对齐方式是（　　　）。

  A. 左对齐   B. 居中对齐

  C. 右对齐   D. 两端对齐

11. 操作系统是一种（　　　）。

  A. 应用软件   B. 系统软件

  C. 工具软件   D. 调试软件

12. 冯·诺依曼计算机工作原理的设计思想是（　　　）。

  A. 程序编制   B. 程序存储

  C. 程序设计   D. 算法设计

13. 在 Excel 中，打印工作表前就能看到实际打印效果的操作是（　　　）。

  A. 仔细观察工作表   B. 打印预览

  C. 页面设置   D. 按 F8 键

14. 在 Word 中，将整个文档选定的组合键是（　　　）。

  A. Ctrl + A   B. Ctrl + V

  C. Ctrl + X   D. Ctrl + C

15. 下列不属于计算机网络拓扑结构的是（　　　）。

  A. 星状   B. 环状

  C. 三角状   D. 总线

16. 计算机中存储信息的最小单位是（　　　）。

  A. 字节   B. 字

  C. 位   D. 区

17. Word 2010 默认的文件扩展名是（　　　）。

  A. .pttx   B. .pptx

  C. .docx   D. .poc

18. 永久删除文件或文件夹的方法是：在单击"删除"选项或按 Delete 键的同时按（　　　）。

  A. Ctrl 键   B. Shift 键

  C. Alt 键   D. Tab 键

19. 从 www.nihao.edu.cn 可以看出，它是中国一个（　　　）部门的网站。

  A. 政府   B. 军事

  C. 工商   D. 教育

20. 在 Excel 的表格操作中，计算求和的函数是（　　　）。

  A. TOTAL   B. COUNT

  C. AVERAGE   D. SUM

21. 计算机病毒是一种（　　　）。

  A. 程序或代码   B. 游戏软件

  C. 带细菌的磁盘   D. 被损坏的文件

22. Windows 7 是一种（　　　）。

  A. 操作系统   B. 字处理软件

  C. 工具软件   D. 图形软件

23. 如果在 Excel 的单元格中输入数据 1015，默认情况下将显示（　　　）。

  A. 10/5   B. 2

  C. 10÷5   D. 10 月 5 日

24. 运算器的主要功能是进行（　　　）。

  A. 逻辑运算   B. 算术运算

  C. 只作加法   D. 逻辑运算和算术运算

25. 在 Excel 中，Al 单元格设定其数字格式为整数，当输入 23.78 时，显示为（　　　）。

  A. 23   B. 23.78   C. 24   D. 出错

26. 192.168.139.20 是 Internet 上一台计算机的（　　　）。

  A. IP 地址   B. 域名   C. 名称   D. 命令

27. 屏幕保护程序的作用是（　　　）。

  A. 保护眼睛   B. 保护身体

  C. 保护显示器   D. 保护软件

28. 运算器和控制器集成在一起，形成（　　　）。

  A. CPU   B. 主板

  C. 内存   D. 软驱

29. 我们常用的计算机属于（　　　）。

  A. 巨型机   B. 大型机

  C. 微型机   D. 服务器

30. 在 Word 中设置字符格式时，不能设置的是（　　　）。

  A. 行间距   B. 字体

  C. 字号   D. 字符颜色

二、填空题

1. $(1001)_2$=(＿＿＿＿)$_{10}$。

2. 在 Excel 中，如果在单元格中输入 4/5，默认情况下显示为＿＿＿＿。

3. 查看计算机的 CPU 和内存类型的操作方法是＿＿＿＿。

4. 创建新工作表的组合键是＿＿＿＿。

5. 在 Word 中设置页边距可以使用标尺来快速完成，也可以使用＿＿＿＿进行快速设置。

6. 设置好字符格式以后，如果在其他字符中也要应用相同的字符格式，可以使用＿＿＿＿将字符格式复制到其他字符中，而不需要重新设置。

7. 文本框是指插入文档中的一种可以＿＿＿＿的文本块。使用文本框可以很容易在同一页面中插入不同内容、不同方向、不同填充效果的文字块。

8. 表格的斜线表头可以使用＿＿＿＿对话框绘制。

9. 在 Excel 中输入的公式或函数总是以＿＿＿＿开头的。

10. 在 Excel 的公式中，可以使用的运算符主要有＿＿＿＿、＿＿＿＿和＿＿＿＿。

11. 在 Excel 中，单元格地址 D8 表示的是第＿＿＿＿行第＿＿＿＿列。

12. Windows 操作系统属于＿＿＿＿。

13. 硬盘工作时应特别注意避免＿＿＿＿。

14. 在 Excel 中，用＿＿＿＿函数可以非常方便地求最大值。

15. 在各种输入法之间进行切换的组合键是_____。

16. 在 www.ruc.com.cn 中 com 代表_____。

17. 相对光标位置而言，Delete 键删除光标后面的字符，而_____键则删除光标前面的字符。

18. 大写字母 A 的 ASCII 码是 01000001，大写字母 C 的 ASCII 码是_____。

19. 在 Excel 中默认的引用方式是_____。

20. 要选定多个不连续文件夹，可按住_____键，然后依次单击各项。

三、判断题

1. Word 2010 文档的默认扩展名是.docx。 （　　）

2. 计算机必须要有一个 IP 地址才能连接到 Internet。 （　　）

3. 计算机断电后，RAM 中的数据和程序不会丢失。 （　　）

4. Excel 提供了两种筛选方式：自动筛选和手动筛选。 （　　）

5. Excel 的工作背景是不能打印出来的。 （　　）

6. 在 Excel 中单元格地址 D9 表示的是第 4 行第 9 列。 （　　）

7. 存储器的容量 2 MB=2000 KB。 （　　）

8. 在 Excel 中，公式都是以加号开始的。 （　　）

9. 调制解调器的作用是将数字信号与模拟信号相互转换。 （　　）

10. 在 Windows 7 中可以同时打开多个窗口，但只有一个是活动窗口。 （　　）

11. 一个文件的复制次数越多，得到的副文件内容与源文件的内容差别就越大。 （　　）

12. 常见的输出设备包括显示器、打印机、键盘和鼠标等。 （　　）

13. 按照用途分类，计算机可以分为通用计算机和专用计算机。 （　　）

14. 在 Excel 中，工作表行号是由 1 到 65 536。 （　　）

15. 在一个演示文稿中能同时使用不同的模板。 （　　）

四、简答题

1. 简述 Windows 7 的特点。

2. 简述访问 Internet 时提高计算机安全的方法。

3. 简述计算机的工作过程。

4. 列举在 Word 文档中关闭文档的方法（至少写出 5 种方法）。

第 3 部分
模拟测试卷 3

一、选择题

1. 计算机硬件的五大基本构件包括运算器、存储器、输入/输出设备和（　　）。

A. 显示器　　　　B. 控制器　　　　C. 内存　　　　　　D. 主机

2. 断电会使存储数据丢失的存储器是（　　）。

A. RAM　　　　　B. 硬盘　　　　　C. ROM　　　　　　D. 软盘

3. 计算机的性能主要取决于（　　）。

A. 硬盘容量、内存容量、键盘

B. 运算速度、存储器指标、I/O 速度

C. 显示器分辨率、打印机的配置

D. 操作系统、系统软件、应用软件

4. 操作系统是（　　）的接口。

A. 主机和外设

B. 系统软件和应用软件

C. 用户和计算机硬件

D. 高级语言和机器语言

5. 在资源管理器中要选定连续排列的若干文件，则可以在选定了第一个文件后（　　）。

A. 单击最后一个文件

B. 按住 Shift 键，单击最后一个文件

C. 按住 Alt 键，单击最后一个文件

D. 按住 Ctrl 键，单击最后一个文件

6. PowerPoint 是 Microsoft Office 组件之一，它的作用是（　　）。

A. 处理数据　　　　　　　　B. 电子表格

C. 文字处理　　　　　　　　D. 演示文稿

7. 目前制造计算机所用的电子元件是（　　）。

A. 晶体管　　　　　　　　　B. 电子管

C. 集成电路　　　　　　　　D. 超大规模集成电路

8. Windows 7 是一种（　　）。

A. 字处理软件　　　　　　　B. 操作系统

C. 工具软件　　　　　　　　D. 图形软件

9. 在 Windows 7 中，用鼠标选中不连续的文件的操作是（   ）。

   A. 单击一个文件，然后单击另一个文件

   B. 单击一个文件，然后双击另一个文件

   C. 单击一个文件，然后按住 Ctrl 键单击另一个文件

   D. 单击一个文件，然后按住 Shift 键单击另一个文件

10. 在 Excel 工作表中，表示绝对引用地址的符号是（   ）。

   A. #   B. $ C. ?   D. &

11. PowerPoint 2010 演示文稿默认的扩展名为（   ）。

   A. .pttx   B. .doc   C. .pptx   D. .pocx

12. 一般在（   ）视图下查看幻灯片是否有错误。

   A. 普通视图   B. 浏览视图

   C. 大纲视图   D. 备注页视图

13. 下列 4 种设备中，属于计算机输入设备的是（   ）。

   A. 音箱   B. 显示器

   C. 打印机   D. 键盘

14. 计算机中的数是用二进制表示的，它的特点是逢（   ）进一。

   A. 2   B. 8   C. 10   D. 16

15. 微型计算机的 ROM 是（   ）。

   A. 随机存储器   B.只读存储器

   C. 顺序存储器   D.高速缓冲存储器

16. 1011B×101B 的值是（   ）。

   A. 110111B   B. 101111B

   C. 101011B   D. 101101B

17. 在 Office 办公软件中，用于撤销的组合键是（   ）。

   A. Ctrl + A   B. Ctrl + C   C. Ctrl + Z   D. Ctrl + Y

18. Excel 文件的默认扩展名是（   ）。

   A. .docx   B. .pptx   C. .xlsx   D. .txtx

19. 以下不属于 PowerPoint 视图的是（   ）。

   A. 普通视图   B. 大纲视图

   C. 页面视图   D. 幻灯片视图

20. 存储器的容量 1MB 和下面哪一个选项相等？（   ）

   A. 1024TB   B. 1024KB

   C. 1024GB   D. 1024MB

21. 在 Excel 中，把用来存储数据的文件称为（   ）。

   A. 工作表   B. 工作簿

   C. 数据库   D. 数据表

22. Windows 7 窗口菜单命令后带有 "…" 表示（   ）。

   A. 它有下级菜单   B. 选择该命令会打开对话框

   C. 文字太长，没有全部显示   D. 暂时不可用

23. 下列操作中，（　　）操作能关闭应用程序。

    A. 按 Alt + F4 组合键

    B. 右键单击应用程序窗口右上角的"关闭"按钮

    C. 执行"文件"→"保存"命令

    D. 单击任务栏上的窗口图标

24. 在 Excel 中，A2:E4 表示（　　）。

    A. 左上角为 A2，右下角为 E4 的单元格区域

    B. A2 和 E4 单元格

    C. 2、3、4 三行

    D. A、B、C、D、E 五列

25. 如果希望设置幻灯片的切换方式，那么应该使用（　　）选项卡。

    A. 幻灯片放映　　　　　　B. 格式

    C. 视图　　　　　　　　　D. 工具

26. OSI 参考模型的基本结构一共分为（　　）。

    A. 7 层　　　　B. 6 层　　　　C. 5 层　　　　D. 4 层

27. 下列有关数制的论述错误的是（　　）。

    A. 十进制 16 等于十六进制 10H

    B. 二进制只有 0 和 1 两个数码

    C. 计算机内部的一切数据都是以十进制为运算的

    D. 一个数字串的某数符可能为 0，但任一数位上的权值不能为 0

28. Java 是一种（　　）。

    A. 计算机语言　　　　　　B. 计算机设备

    C. 数据库　　　　　　　　D. 应用软件

29. 十六进制数 A586H 转换为十进制数是（　　）。

    A. 43 422　　　　　　　　B. 41 422

    C. 42 422　　　　　　　　D. 40 422

30. 蠕虫病毒往往通过（　　）进入其他计算机系统。

    A. 网管　　　　　　　　　B. 系统

    C. 网络　　　　　　　　　D. 防火墙

二、填空题

1. 世界上第一台电子计算机的英文全称是_____。

2. CPU 是由_____和_____组成的。

3. 在"运行"对话框的"打开"文本框中输入_____，然后单击"确定"按钮就可以快速启动 Excel。

4. 将十进制数 25 转换成二进制数是_____。

5. 在 Word 的编辑状态下，将剪贴板上的内容粘贴到当前光标处使用的组合键是_____。

6. 在 Word 中，按_____键可以删除光标左边的一个字符。

7. 组合键_____用来保存。

8. 汉字以 24×24 点阵形式在屏幕上显示时，每个汉字占用_____字节。

9. 在微型机中信息的基本存储单位是字节，每个字节内含_____个二进制位。

10. Cache 是一种介于 CPU 和_____之间的高速存取数据的芯片。

11. Windows 7 资源管理器对磁盘信息进行管理和使用是以_____为单位的。

12. 在 PowerPoint 2010 中，母版分为_____、讲义母版和备注母版。

13. 在 Word 中，按_____键可以将光标移到下一个制表位上。

14. 赋予计算机讲话能力，用声音输出结果属于_____技术。

15. 统一资源定位器（URL）是用来定位_____所在位置的。

16. 计算机网络中的用户必须共同遵从的多项约定称为_____。

17. 常见的打印机有击打式、_____式和激光打印机三种。

18. 数据传输速率的单位是_____。

19. 在 Windows 7 中，各个应用程序之间可通过_____交换信息。

三、判断题

1. C++语言属于面向过程的高级语言。　　　　　　　　　　　（　　）

2. 内存中的数据不能直接被 CPU 存取。　　　　　　　　　　（　　）

3. 信息传输技术主要指信息如何在空间进行传递，其核心技术即通信技术。（　　）

4. 计算机中重要的文件不需要经常进行备份。　　　　　　　　（　　）

5. 十进制 113 等值的十六进制数为 77。　　　　　　　　　　（　　）

6. CPU 的核心部分是运算器和存储器。　　　　　　　　　　（　　）

7. 1GB 等于 1000MB。　　　　　　　　　　　　　　　　　（　　）

8. Windows 中回收站的作用是存放已删除的文件。　　　　　（　　）

9. 防火墙是将未经授权的用户阻挡在内部网之外。　　　　　　（　　）

10. 计算机的存储器分为内存和外存两种。　　　　　　　　　（　　）

11. 在 Word 中最多可以创建三级别的多级符号。　　　　　　（　　）

12. 在 Excel 中可以使用填充柄自动填充相同的数据。　　　　（　　）

13. 处在同一局域网中的多台计算机，其 IP 地址一定不能相同。（　　）

14. 星型拓扑结构的中心节点出现故障可能造成全网瘫痪。　　（　　）

15. 计算机只要硬件不出问题，就能正常工作。　　　　　　　（　　）

四、简答题

1. 计算机系统的组成包括哪两个部分？各部分的主要组成有哪些？

2. 什么是网络拓扑结构？常见的网络拓扑结构有哪些？

3. 简述数制的概念。

4. 简述操作系统的基本功能。

附　录

- 附录 I　习题篇习题参考答案
- 附录 II　测试篇模拟测试卷参考答案
- 附录 III　全国计算机等级考试一级 MS Office 考试大纲（2013 年版）

附录 I
习题篇习题参考答案

计算机基础知识练习题参考答案

一、选择题

1. D	2. B	3. D	4. C	5. C	6. D	7. A	8. D
9. A	10. B	11. A	12. C	13. B	14. B	15. D	16. B
17. B	18. C	19. A	20. A	21. C	22. D	23. C	24. A
25. D	26. D	27. B	28. A	29. A	30. B	31. B	32. D
33. C	34. C	35. C	36. B	37. C	38. B	39. D	40. D
41. B	42. B	43. D	44. D	45. C	46. B	47. D	48. D
49. D	50. D	51. C	52. A	53. D	54. C	55. A	56. D
57. A	58. B	59. A	60. A	61. A	62. C	63. D	64. B

二、填空题

1. 8 16 32	2. 单片机	3. CAD	4. Pentium
5. PCI AGP	6. ROM RAM	7. 主机 外设	8. 存储器
9. 位	10. 机器语言	11. 2	12. 字节
13. 位	14. 输入/输出	15. 外存	16. Shift
17. 显示器	18. 快捷方式	19. 控制面板	20. EXIT

三、判断题

1. ×	2. √	3. ×	4. √	5. √	6. √	7. ×	8. ×
9. ×	10. √	11. √	12. √	13. ×	14. √	15. ×	16. ×
17. ×	18. √	19. √	20.×				

Internet 基础与应用练习题参考答案

一、选择题

1. A	2. D	3. B	4. C	5. C	6. D	7. C	8. A
9. A	10. B	11. C	12. B	13. D	14. A	15. C	16. C
17. D	18. D	19. D	20.A	21. BCD			

二、填空题

1. 通信技术
2. 局域网　城域网　广域网
3. 通信子网　资源子网
4. 双绞线　光纤
5. 数据传输速率（比特率）bit/s
6. 单模光纤　多模光纤
7. 网络协议
8. 网络号　主机号
9. 4
10. 电话线路
11. Web 页　超链接　统一资源定位符（URL）
12. 主页
13. 用户邮箱名@邮件服务器域名
14. 下载　上传
15. 客户机/服务器
16. SMTP SMTP POP3 IMAP
17. 常见的名词术语解释

OA：办公自动化	LAN：局域网
IP：国际协议	Internet：互联网
ISP：互联网服务提供商	ADSL：非对称数字用户线路
Modem：调制解调器	PSTN：公共电话网
WWW：万维网	FTP：文件传输协议
DNS：域名系统	E-mail：电子邮件
Web：网页	HTML：超文本标记语言
HTTP：超文本传输协议	URL：统一资源定位符
TCP：传输控制协议	SMTP：简单邮件传输协议
POP3：第 3 代邮局协议	IMAP：交互式电子邮件存取协议

三、判断题

1. ×　　2. √　　3. √　　4. √　　5. √　　6. ×　　7. ×　　8. √

9. √　　10. ×　　11. ×　　12. √　　13. √　　14. ×

Word 2010 的使用练习题参考答案

一、选择题

1. A	2. D	3. B	4. C	5. A	6. A	7. A	8. C
9. D	10. D	11. B	12. D	13. D	14. A	15. B	16. C
17. C	18. B	19. A	20. A	21. A	22. A	23. D	24. D
25. B	26. C	27. B	28. C	29. A	30. D	31. C	32. D
33. C	34. A	35. C					

二、填空题

1. 首行缩进　　2. 左缩进　　3. Ctrl + C
4. 正文与页面边缘的空白区域　　5. 撤销
6. 共用文档　　7. Ctrl + C　　8. "插入"
9. Ctrl + F　　10. 内存　　11. 72　　1 638
12. End　　13. .dotx　　14. 水平

15. Enter	16. Ctrl	17. "字数统计"
18. 字符　段落	19. 模版	20. 页面

三、判断题

1. ×	2. √	3. √	4. √	5. ×	6. ×	7. ×
8. √	9. ×	10. ×	11. ×	12. √	13. √	14. √
15. √	16. ×	17. ×	18. ×	19. √	20. ×	21. ×
22. √	23. √	24. ×	25. ×			

Excel 2010 的使用练习题参考答案

一、选择题

1. B	2. C	3. A	4. B	5. A	6. D	7. C	8. D
9. A	10. A	11. D	12. B	13. D	14. B	15. A	16. D
17. C	18. D	19. A	20. C	21. D	22. D	23. C	24. D
25. A	26. B	27. B	28. B	29. D	30. C		

二、填空题

1. .xlsx
2. Book1 3 Sheet1 Sheet2 Sheet3
3. 活动单元格　　4. 填充柄　　　　5. 复制 移动
6. 排序　　　　　7. $D$5　D5　　8. 1
9. – /　　　　　10. 双击
11. Sheet1 工作表中的 A 列 1 行到 C 列 10 行间的连续区域
12. 平均值　最大值　　　　13. 0 2/3
14. 与 或　单一字符　多个字符　　15. 首行　最左列

三、判断题

1. ×	2. √	3. ×	4. ×	5. √	6. √	7. √	8. √
9. ×	10. √	11. √	12. ×	13. ×	14. ×	15. ×	16. ×
17. √	18. ×	19. √	20. √	21. √	22. √	23. ×	24. ×
25. √	26. ×	27. ×	28. ×	29. √	30. √		

PowerPoint 2010 的使用练习题参考答案

一、选择题

1. A	2. B	3. D	4. D	5. C	6. A	7. C	8. B
9. B	10. B	11. A	12. C	13. D	14. C	15. D	16. B
17. B	18. D	19. D	20. B	21. D	22. D	23. A	24. D
25. B							

二、填空题

1. "幻灯片浏览"视图　　2. 内容提示向导　　3. 复制幻灯片
4. 不能　　　　　　　　5. Esc　　　　　　　6. 编辑文本
7. 当前打开　　　　　　8. POTX

9. 模板中包含母版，模板是特殊演示文稿，母版是几张特殊的幻灯片

10. F5　　　　　11. 慢速　中速　快速

12. 自定义幻灯片放映　　　13. 最小化　最大化（还原）关闭

14. Delete　　　　15. 幻灯片浏览　大纲　　　16. 单击鼠标时

17. 动画　　　　18. 开始　　　　　　　　19. 幻灯片切换

三、判断题

1. ×　　2. √　　3. ×　　4. √　　5. √　　6. √　　7. ×　　8. √

9. ×　　10. √　　11. ×　　12. √　　13. √　　14. ×　　15. √　　16. ×

17. √　　18. √　　19. √　　20.√

计算机安全与维护练习题参考答案

一、选择题

1. A　　2. D　　3. D　　4. B　　5. B　　6. D　　7. C

8. A　　9. B　　10. C　　11. C　　12. C　　13. B　　14. D

15. C　　16. D　　17. A　　18. D　　19. B　　20.D　　21. D

22. D　　23. D　　24. A　　25. B

二、填空题

1. 事件日志　　　2. CIH　　3. 感染性

4. 文件型　　　5. 引导　　6. 文件长度变长

7. 一段特殊的程序　　　8. 程序

9. 自我复制　　　10. 蠕虫　　11. 完整性　保密性　可用性

12. 磁盘镜像　磁盘双工　双击热备份

13. 不可抵赖　不可伪造　不可重用

14. 被保护网络　外部网络　　15. 包过滤　代理服务器

16. 包过滤　　　　17. 设计缺陷　使用不当

18. 人工清除　自动清除　　19. 传染性　潜伏性　可触发性　破坏性

三、判断题

1. √　　2. √　　3. √　　4. ×　　5. √　　6. ×　　7. √　　8. ×

9. ×　　10. √　　11. √　　12. ×　　13. √　　14. ×　　15. ×　　16. ×

17. ×　　18. √　　19. √

附录 II
测试篇模拟测试卷
参考答案

模拟测试卷 1 参考答案

一、选择题

1. B	2. C	3. D	4. A	5. B	6. C	7. D	8. B
9. B	10. C	11. C	12. D	13. D	14. A	15. B	16. C
17. D	18. A	19. B	20.C	21. B	22. A	23. D	24. D
25. D	26. C	27. C	28. B	29. C	30.B		

二、填空题

1. 硬件系统　软件系统　　　2. 二

3. 普通视图　Web 版式视图　大纲视图　页面视图

4. .xlsx　　　　　5. Internet　　　　　6. TCP/IP

7. Enter 键　Delete 键　Backspace 键　8. yuanyi@hnhy. edu.cn

9. 总线型　环型　星型　　　10. Ctrl＋X　Ctrl＋C　Ctrl＋V

11. 选择单词　　12. 插入数据图表

13. 排序　　　14. 超链接　　　　15. 辅助决策型

16. 应用软件　　17. E8　　　　　18. .pptx

19. IP　　　　　20.超链接

三、判断题

1. √	2. ×	3. ×	4. ×	5. ×	6. √	7. √	8. ×
9. ×	10. √	11. √	12. ×	13. ×	14. √	15. √	

模拟测试卷 2 参考答案

一、选择题

1. D	2. C	3. D	4. C	5. D	6. C	7. B	8. A
9. D	10. A	11. B	12. B	13. B	14. A	15. C	16. C

17. C　　18. B　　19. D　　20.D　　21. A　　22. A　　23. D　　24. D

25. C　　26. A　　27. C　　28. A　　29. C　　30.A

二、填空题

1. 9　　　　　　　2. 4 月 5 日

3. 右键单击"计算机"图标，选择"属性"命令

4. Ctrl＋N　　　　5. "页边距"选项卡　　　　6. 格式刷

7. 移动　　　　　8. 插入斜线表头　　　　9. 等号

10. 算术运算符　文字运算符　比较算术运算符

11. 8　4　　　　12. 系统软件　　　　　13. 振动

14. MAX　　　　15. Ctrl＋Shift　　　　16. 商业机构

17. Backspace　　18. 01000011　　　　19. 相对引用

20. Ctrl

三、判断题

1. √　　2. √　　3. ×　　4. ×　　5. √　　6. ×　　7. ×　　8. ×

9. √　　10. √　　11. ×　　12. ×　　13. √　　14. √　　15. √

模拟测试卷 3 参考答案

一、选择题

1. B　　2. A　　3. B　　4. C　　5. B　　6. D　　7. D　　8. B

9. C　　10. B　　11. C　　12. A　　13. D　　14. A　　15. B　　16. A

17. C　　18. C　　19. C　　20.B　　21. B　　22. B　　23. A　　24. A

25. A　　26. A　　27. C　　28. A　　29. C　　30.C

二、填空题

1. ENIAC　　　　2. 运算器　控制器　　3. Excel

4. 11001　　　　5. Ctrl＋V　　　　6. Backspace

7. Ctrl＋S　　　8. 72　　　　9. 8

10. 内存　　　　11. 文件　　　　12. 幻灯片母版

13. Tab　　　　14. 语音合成　　　15. 资源

16. 协议　　　　17. 喷墨

18. bit/s　　　　19. 剪贴板

三、判断题

1. ×　　2. ×　　3 √　　4. ×　　5. ×　　6. ×　　7. ×　　8. √

9. √　　10. √　　11. ×　　12. √　　13. √　　14. √　　15. ×

附录Ⅲ 全国计算机等级考试一级 MS Office 考试大纲（2013 年版）

基本要求

1. 具有微型计算机的基础知识（包括计算机病毒的防治常识）。
2. 了解微型计算机系统的组成和各部分的功能。
3. 了解操作系统的基本功能和作用，掌握 Windows 的基本操作和应用。
4. 了解文字处理的基本知识，熟练掌握文字处理 Word 的基本操作和应用，熟练掌握一种汉字（键盘）输入方法。
5. 了解电子表格软件的基本知识，掌握电子表格软件 Excel 的基本操作和应用。
6. 了解多媒体演示软件的基本知识，掌握演示文稿制作软件 PowerPoint 的基本操作和应用。
7. 了解计算机网络的基本概念和因特网（Internet）的初步知识，掌握 IE 浏览器和 Outlook Express 的基本操作和使用。

考试内容

一、计算机基础知识

1. 计算机的发展、类型及其应用领域。
2. 计算机中数据的表示、存储与处理。
3. 多媒体技术的概念与应用。
4. 计算机病毒的概念、特征、分类与防治。
5. 计算机网络的概念、组成和分类；计算机与网络信息安全的概念和防控。
6. Internet 网络服务的概念、原理和应用。

二、操作系统的功能和使用

1. 计算机软、硬件系统的组成及主要技术指标。
2. 操作系统的基本概念、功能、组成及分类。
3. Windows 操作系统的基本概念和常用术语，文件、文件夹、库等。
4. Windows 操作系统的基本操作和应用。
   （1）桌面外观的设置，基本的网络配置。

（2）熟练掌握资源管理器的操作与应用。

（3）掌握文件、磁盘、显示属性的查看、设置等操作。

（4）中文输入法的安装、删除和选用。

（5）掌握检索文件、查询程序的方法。

（6）了解软、硬件的基本系统工具。

三、文字处理软件的功能和使用

1. Word 的基本概念，Word 的基本功能和运行环境，Word 的启动和退出。

2. 文档的创建、打开、输入、保存等基本操作。

3. 文本的选定、插入与删除、复制与移动、查找与替换等基本编辑技术；多窗口和多文档的编辑。

4. 字体格式设置、段落格式设置、文档页面设置、文档背景设置和文档分栏等基本排版技术。

5. 表格的创建、修改；表格的修饰；表格中数据的输入与编辑；数据的排序和计算。

6. 图形和图片的插入；图形的建立和编辑；文本框、艺术字的使用和编辑。

7. 文档的保护和打印。

四、电子表格软件的功能和使用

1. 电子表格的基本概念和基本功能，Excel 的基本功能、运行环境、启动和退出。

2. 工作簿和工作表的基本概念和基本操作，工作簿和工作表的建立、保存和退出；数据输入和编辑；工作表和单元格的选定、插入、删除、复制、移动；工作表的重命名和工作表窗口的拆分和冻结。

3. 工作表的格式化，包括设置单元格格式、设置列宽和行高、设置条件格式、使用样式、自动套用模式和使用模板等。

4. 单元格绝对地址和相对地址的概念，工作表中公式的输入和复制，常用函数的使用。

5. 图表的建立、编辑和修改以及修饰。

6. 数据清单的概念，数据清单的建立，数据清单内容的排序、筛选、分类汇总，数据合并，数据透视表的建立。

7. 工作表的页面设置、打印预览和打印，工作表中链接的建立。

8. 保护和隐藏工作簿和工作表。

五、PowerPoint 的功能和使用

1. 中文 PowerPoint 的功能、运行环境、启动和退出。

2. 演示文稿的创建、打开、关闭和保存。

3. 演示文稿视图的使用，幻灯片基本操作（版式、插入、移动、复制和删除）。

4. 幻灯片基本制作（文本、图片、艺术字、形状、表格等插入及其格式化）。

5. 演示文稿主题选用与幻灯片背景设置。

6. 演示文稿放映设计（动画设计、放映方式、切换效果）。

7. 演示文稿的打包和打印。

六、Internet 的初步知识和应用

1. 了解计算机网络的基本概念和因特网的基础知识，主要包括网络硬件和软件，TCP/IP 协议的工作原理，以及网络应用中常见的概念，如域名、IP 地址、DNS 服务等。

2. 能够熟练掌握浏览器、电子邮件的使用和操作。

考试方式

1. 采用无纸化考试，上机操作。考试时间为 90 分钟。
2. 软件环境：Windows 7 操作系统，Microsoft Office 2010 办公软件。
3. 在指定时间内，完成下列各项操作。
   （1）选择题（计算机基础知识和网络的基本知识）。（20 分）
   （2）Windows 操作系统的使用。（10 分）
   （3）汉字录入能力测试。（录入 150 个汉字，限时 10 分钟）（10 分）
   （4）Word 操作。（25 分）
   （5）Excel 操作。（15 分）
   （6）PowerPoint 操作。（10 分）
   （7）浏览器（IE）的简单使用和电子邮件收发。（10 分）